알아두면 유용한

잡초도감

국립농업과학원 지음

이 도서의 국립중앙도서관 출판예정도서목록(CIP)은 서지정보유통지원시스템 홈페이지(http://seoji.nl.go.kr)와 국가자료공동목록시스템 (http://www.nl.go.kr/kolisnet)에서 이용하실 수 있습니다.(CIP제어번호: CIP2017030969)

책을 내면서

'농사는 잡초와의 전쟁이다' 라는 말과 같이 농업은 끊임없이 발생되는 잡초를 어떻게 관리하느냐에 따라 승패가 좌우된다고 할 수 있습니다. 잡초는 논, 밭, 과수원, 목초지 등의 농경지와 도로변, 습지, 강변 등과 같은 비농경지에서 발생하면서 농작물의 수량감소나 품질저하, 도시미관 훼손이나 꽃가루 알레르기에 의한 비염유발 등 여러 가지 피해를 주고 있기 때문에 적절한 관리가 필요합니다.

잡초를 효율적으로 관리하기 위해서는 어떤 잡초가 어떻게 발생하는 지를 파악하는 것이 무엇보다 중요합니다. 그런 면에서 잡초도감은 잡초연구자 뿐만 아니라 농업인이 필요로 하는 책 중 하나입니다. 따라서 농촌진흥청에서 처음으로 발간하는 '과수원 잡초도감' 은 과수원에 무슨 잡초가 발생하는 지를 확인하는데 도움을 줄 수 있는 귀한 자료라고 할 수 있습니다.

이 잡초도감은 농촌진흥청 산학연 공동연구과제의 하나인 '농경지 발생잡초 정밀분포조사'를 도 농업기술원, 대학 및 농업연구소 등 11개 기관이 참여하여 만들어낸 협업의 산물이라는 점에서 그 가치가 더욱 크다고 생각합니다.

본 잡초도감이 나오기까지 사진 및 자료를 정리하느라고 고생한 우리 원 잡초연구실 김창석 농업연구사를 비롯한 직원 분들과 미래환경생태연구소 연구원 여러분께 감사한 마음을 전합니다. 또한 귀중한 선메꽃 생태사진을 제공해 주시고 감수를 맡아주신 국립수목원 박수현 선생님께도 감사 말씀을 드립니다.

아무쪼록 이 잡초도감이 과수원 농가 및 잡초연구자에게 도움을 주어 과수원 잡초를 효율적으로 관리하는데 도움이 될 수 있기를 기대합니다.

CONTENT

CONTENT

CONTENT

CONTENT

CONTENT

천남성과(Araceae)

닭의장풀과(Commelinaceae)

골풀과(Juncaceae)

사초과(Cyperaceae)

화본과(Gramineae)

CONTENT

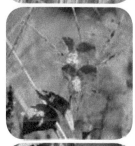

CONTENT

잡초도감

◆ 일러두기

◑ 수록 잡초

『잡초도감』은 우리나라 과수원에서 발생할 수 있는 총 428종의 잡초에 대한 사진과 기재문을 수록하고 있다. 이중에는 개항 이후에 들어와 농경지에서 발생하고 있는 139종의 외래잡초도 포함되어 있다.

◑ 분류체계

『잡초도감』에 수록한 잡초는 The genera of vascular plants of korea(2007)의 분류체계를 따랐으며 과(科)내에서 속(屬)과 종(種)의 배열은 알파벳순으로 하였다.

◑ 학명과 국명

국가표준식물목록(Korean Plant Names Index Committee, 2007)을 기준으로 하였으나, 양치식물의 경우 한국식물도해도감 2 양치식물(국립수목원, 2008)을, 화본과의 경우 한국식물도해도감 1 벼과(개정증보판, 국립수목원, 2011)를 참고하였다.

◑ 기재문

한국기준식물도감(이우철, 아카데미서적, 1996), 대한식물도감(이창복, 향문사, 1980)을 주로 참고하였으나, 화본과 잡초의 경우 한국식물도해도감 1 벼과(개정증보판, 국립수목원, 2011)를, 외래잡초의 경우 한국의 귀화식물(박수현, 일조각, 2009)을 수정 보완하여 인용하였다. 아울러 해당 잡초에 대한 독자들의 이해를 돕고자 외래종 여부, 유사종과의 차이점 등을 참고자료로 제시하였다. 형태 설명문은 가급적 우리말로 쉽게 표현하고자 하였으나, 우리말로 풀어 쓸 경우 오히려 이해에 어려움이 있는 경우는 분류 전문용어를 그대로 사용하였다.

◑ 사진

『잡초도감』에 수록된 잡초는 대부분 발생지에서 직접 촬영하였으나, 유식물의 생육단계 사진은 실생묘를 키워 흰 종이에 붙인 후 스캐너를 이용하여 제작한 것이다. 아쉬운 점이 많지만 독자들의 종 동정에 도움을 주고자 다양한 생육단계 사진을 수록하였다. 특히 종 식별에 중요한 세부 특징을 상세히 보여줄 필요가 있는 형질은 접사촬영을 하였다.

◑ 분포정보

국가생물종지식정보시스템(http://www.nature.go.kr)과 한국기준식물도감(이우철, 아카데미서적, 1996)을 주로 참고하였으나, 화본과 잡초의 경우 한국식물도해도감 1 벼과(개정증보판, 국립수목원, 2011)를, 외래잡초의 경우 한국의 귀화식물(박수현, 일조각, 2009)을 참고함과 아울러 저자들이 다년간 농경지 잡초분포조사를 통해 얻어진 결과를 추가하였다.

쇠뜨기

Equisetum arvense L.

생활형
다년생

분포
전국

형태

영양경 길이는 10~50cm이다. 포자경에 비해 약간 늦게 나오며 지면에서 반듯하게 서고 속이 비어있다. 표면에는 6~11개의 능선이 있고 마디에는 능선과 같은 개수의 가지가 돌려나기로 달리며 다시 가지를 형성하기도 한다. 초상탁엽은 길이 5mm정도이며 돌려난다.

포자경 길이는 7~25cm이다. 연한 갈색을 띠며 이른 봄에 영양경보다 일찍 나와서 끝에 포자낭 이삭을 형성한다. 마디에 돌려나기로 달린 초상탁엽은 길이 1.5cm정도이다.

포자낭 이삭 길이는 2~4cm이다. 장타원형의 이삭에는 육각형의 포자엽이 서로 밀착하여 거북등처럼 보이고 각 포자엽 안쪽에는 7개 내외의 포자낭이 달린다.

| ▼ 유식물 | ▼ 생육 중기 | ▼ 포자경과 포자낭 이삭 |

실고사리

Lygodium japonicum
(Thunb.) Sw.

생활형

다년생

분포

경남, 전남, 제주도

형태

엽병 길이 2mm내외이다. 원줄기처럼 자라며 덩굴성으로 다른 물체를 감아 올라가며 잎처럼 보인 우편이 호생한다.

엽신 우편은 소우편으로 갈라지고 소우편은 3출하여 다시 2~3회 우상으로 갈라진다. 정렬편은 가늘고 길며 열편 가장자리에 톱니가 있다. 포자낭군이 달리는 소우편은 작아지고 2열로 붙는다.

포자낭군 포막의 가장자리는 불규칙한 톱니가 있으며, 포자는 8월에서 다음해 1월 사이에 익는다.

▼ 생육

고사리

Pteridium aquilinum var. *latiusculum* (Desv.) Underw. ex A.Heller

생활형

다년생

분포

전국

형태

엽병 길이 15~90㎝이다. 지상에 노출된 부분은 연한 볏짚색 또는 연녹색이며 땅에 묻힌 부분은 흑갈색이다. 전체에 연한 갈색 털이 밀생한다.

엽신 길이 20~100㎝, 너비 14~70㎝이다. 난상 삼각형이며 3회 우상으로 갈라지고 표면은 녹색이나 뒷면은 색이 연하며 약간의 털이 있다. 첫째 우편은 삼각상 난형으로 다른 우편보다 커 엽신의 2/3를 차지한다. 열편은 장타원형이고 소우편은 갈라지지 않고 길게 자라며 엽맥은 2개씩 2~3회 갈라진다.

포자낭군 열편의 가장자리가 뒤로 말려서 포막처럼 된 위포막에 덮여있다.

▼ 생육 초기

▼ 생육 중기

별고사리

Cyclosorus acuminatus
(Houtt.) Nakai ex H.Ito

▼ 포자

생활형

다년생

분포

경남, 전남, 제주도

형태

엽병 길이 15~50cm이다. 볏짚색을 띠며 털이 거의 없으며, 밑 부분에 달린 갈색의 피침형 인편은 길이 2~6mm이고 가장자리에 털이 있다.

엽신 길이 20~60cm, 너비 15~20cm이다. 넓은 피침형 또는 긴 타원형이며 2회 우상 중열되고 기부는 좁아지지 않으며 측우편과 동일한 정우편은 끝이 갑자기 좁아진다. 우편은 우상으로 얕게 또는 중앙까지 갈라지며 선상 피침형 또는 넓은 피침형으로 대가 없고 끝이 점차 좁아져서 뾰족하다. 열편은 끝이 튀어 나오고 앞쪽 첫째 열편이 특히 길다.

포자낭군 가장자리 가까이에 달리고 포막은 둥근 콩팥모양이며 털이 있다.

사위질빵

Clematis apiifolia DC.

생활형
다년생

분포
전국

형태
줄기 길이 2~5m에 달하고 줄기에 모가 있으며 짧은 털이 있다.

잎 마주나고 엽병이 길며 1회 3출 또는 드물게 2회 3출 복엽이다. 소엽은 짧은 자루가 있고 넓은 난형으로 길이 4~7cm이다. 엽두는 뾰족하고 결각상 톱니가 있다.

꽃 7~9월에 백색으로 피고 지름 1.3~2.5cm이다. 잎짬에 원추상 취산화서로 달리며 꽃대는 5~12cm로 2~5단이다. 4개의 꽃받침잎은 길이 7~10mm이며 긴 타원형이고 끝이 뾰족하다.

열매 수과로 길이 4mm정도이며 5~10개씩 모여 달린다. 암술대는 10mm 정도이며 흰털이 나 있다.

▼ 꽃

▼ 열매

할미꽃

Pulsatilla koreana (Yabe ex Nakai) Nakai ex Nakai

생활형

다년생

분포

제주도를 제외한 전국

형태

잎 뿌리에서 뭉쳐나며 엽병이 길고 5개의 소엽으로 구성된 우상복엽이다. 소엽은 2~3개로 갈라지고 맨 끝의 열편은 끝이 둔하다. 전체에 긴 흰색 털이 밀생하여 흰 빛이 돌지만 표면은 짙은 녹색이고 털이 없다.

꽃 4~5월에 연한 홍자색으로 피고 30~40cm의 화경이 나와서 끝에 1개의 꽃이 밑을 향하여 달린다. 화경 윗부분에 총포가 있고 총포는 3~4개로 갈라진다. 꽃받침조각은 6개이고 긴 타원형이며 안쪽은 적자색이다.

열매 수과로 긴 난형이며 암술대는 4cm정도로 깃털모양의 퍼진 털이 밀생한다.

▼ 꽃

▼ 잎

▼ 꽃과 열매

털개구리미나리

Ranunculus cantoniensis DC.

생활형

다년생

분포

전국

형태

줄기 높이는 30~80㎝이고 곧추 서며 털이 밀생한다.

잎 뿌리에서 나온 잎은 엽병이 길고 밑 부분이 엽초로 되며 1회 3출하고 소엽은 2~3개로 갈라지며 불규칙하고 뾰족한 톱니가 있다. 줄기에 달린 잎은 어긋나고 엽병이 짧으며 윗부분의 것은 3개로 단순하게 갈라진다.

꽃 6~7월에 황색으로 피고 소화경 끝에 1개씩 달린다. 전체가 취산화서를 이룬다. 꽃받침 조각은 5개이고 뒤로 젖혀지며 꽃잎은 5개이고 타원형 또는 긴 타원형이다.

열매 수과로 길이 3.5㎜정도이며 둥글게 모여 달린다. 암술대는 거의 젖혀지지 않는다. 열매가 모여 달린 취과는 난형 또는 구형이다.

젓가락나물

Ranunculus chinensis
Bunge

생활형

다년생

분포

전국

형태

줄기 높이는 40~80cm이다. 속이 비어 있으며 전체에 퍼진 털이 있다.

잎 뿌리에서 나온 잎은 엽병이 길고 3출복엽이다. 소엽은 3개로 깊게 갈라지고 다시 2~3개로 갈라지며 최종열편은 도피침형으로 끝이 뾰족하고 예리한 톱니가 있다. 줄기에서 나온 잎은 위로 갈수록 엽병이 짧아지며 3개로 갈라진다.

꽃 5~8월에 황색으로 피고 가지 끝에 취산화서로 달린다. 소화경에 누운 털이 있다. 꽃받침조각은 5개로 좁은 난형이며 젖혀진다. 꽃잎은 5개로 넓은 난형이며 수평으로 퍼진다.

열매 수과로 타원형이며 길이 2.5~3.5mm정도이다. 열매가 모여 달린 취과는 원주형 또는 타원형이다.

미나리아재비

Ranunculus japonicus
Thunb.

생활형

다년생

분포

전국

형태

줄기 높이 30~70cm이며 흰 털이 밀생한다.

잎 뿌리에서 나온 잎은 엽병이 길고 오각형 모양의 둥근 심장형으로 길이 2.5~7cm, 너비 3~10cm이며 3개로 깊이 갈라지고 다시 2~3개로 갈라지며 가장자리에 톱니가 있다. 줄기에서 나온 잎은 위로 갈수록 엽병이 짧아지고 3개로 갈라지며, 윗부분의 잎 조각은 선형이다.

꽃 5~7월에 황색으로 피고 취산상으로 갈라진 소화경에 1개씩 달린다. 꽃받침조각은 5개로 타원형이며, 꽃잎은 5개로 도란상 원형이고 꽃받침에 비해 2~2.5배 길다. 수술과 암술은 다수이다.

열매 수과로 도란상 원형이며 길이 2~3.5mm정도로 약간 편평하고 끝에 짧은 돌기가 있다. 열매가 모여 달린 취과는 구형이다.

▼ 꽃

▼ 열매

왜젓가락나물

Ranunculus quelpaertensis
(H.Lév.) Nakai

생활형

다년생

분포

제주, 남부지역

형태

줄기 높이 15~70cm로 곧게 자란다. 비스듬히 선 털이 있거나 거의 없다.

잎 뿌리에서 나온 잎은 긴 잎자루가 있고 윤곽이 삼각형으로 폭 4~10cm이며 3출복엽이다. 소엽은 난형이며 엽병과 가장자리에 거치가 있고 3개로 깊게 갈라지며 양면에 복모가 있다.

꽃 4~7월에 황색으로 핀다. 화경은 길이 2~6cm이다. 꽃받침 조각은 5개로 꽃이 필 때 뒤로 젖혀진다. 꽃잎은 5개로 도란형이며 길이 4~6mm이다.

열매 수과로 넓은 도란형이며 길이 3.5~4mm정도의 편평하고 털이 없다. 암술대는 길이 1mm내외이고 끝이 뒤로 심하게 젖혀져 있다. 열매가 모여 달린 취과는 구형이다.

▼ 줄기

▼ 꽃

▼ 잎

개구리자리

Ranunculus sceleratus L.

생활형
동계일년생

분포
전국

형태
줄기 높이는 20~100cm이다. 털이 없으며 광택이 난다.

잎 뿌리에서 나온 잎은 엽병이 길고 3개로 깊이 갈라지는데 측면의 잎 조각은 다시 2개로 갈라지고 가운데 잎 조각은 쐐기 모양이며 둔한 톱니가 있다. 줄기에서 나온 잎은 엽병이 위로 갈수록 짧아져 없어진다. 윗부분에 달린 잎은 3개로 완전히 갈라지며 잎 조각은 피침형이다.

꽃 4~6월에 황색으로 피고 가지 끝에 1~2.5cm의 꽃대가 나와 1개씩 달린다. 꽃받침 조각은 5개로 타원형이며 뒤로 젖혀진다. 꽃잎은 5개로 도란형이며 크기는 꽃받침과 같다.

열매 수과로 넓은 도란형이다. 열매가 모여 달린 취과는 원주형 또는 긴 타원형이다.

▼ 생육 초기

▼ 꽃과 열매

개구리미나리

Ranunculus tachiroei
Franch. & Sav.

생활형

다년생

분포

전국

형태

줄기 높이 40~80cm이다. 가지를 치며 줄기 아래쪽에는 퍼진 털이 나고 윗부분에는 누운 털이 있다.

잎 뿌리에서 나온 잎은 엽병이 길고 2회 3출복엽이며 소엽은 엽병이 있거나 없고 2~3개로 깊이 갈라지며 잎 조각은 쐐기 모양 또는 도피침형이고 불규칙한 톱니가 있다. 줄기에서 나온 잎은 아래쪽의 경우 엽병이 길지만 위로 갈수록 짧아져서 없어진다.

꽃 6~7월에 황색으로 피고 소화경에 1개씩 달려 취산화서를 이룬다. 꽃받침조각은 5개로 난형이고 뒤로 젖혀진다. 꽃잎은 5개로 긴 타원형이고 꽃받침보다 약간 길며 수평으로 퍼진다.

열매 수과로 도란형이며 길이 3mm정도이다. 열매가 모여 달린 취과는 구형이다.

▼ 줄기

▼ 잎과 줄기

개구리갓

Ranunculus ternatus
Thunb.

생활형

다년생

분포

제주, 전남

형태

줄기 높이 10~25cm이다. 기부에서 분지하며, 뿌리의 일부는 방추형으로 비대해진다.

잎 뿌리에서 나온 잎은 엽병이 길고 둥근 신장형 또는 난형이며 3개로 깊게 또는 완전히 갈라진다. 소엽은 때로 엽병이 있으며 길이 1~2cm, 너비 5~15mm이고 둔한 톱니 또는 결각이 있으며 다시 3개로 갈라지는 것도 있다. 줄기에서 나온 잎은 1~4개로 엽병이 없고 3개로 완전히 갈라지며 잎 조각은 선형이고 끝이 둔하다.

꽃 4~5월에 황색으로 피며 1.5~3cm의 소화경에 1개씩 달린다. 꽃받침조각은 5개로 넓은 타원형이고 꽃잎은 5개로 도란형이다.

열매 수과로 넓은 도란형이며 길이 1.2mm정도이다. 열매가 모여 달린 취과는 타원형 또는 약간 구형이다.

댕댕이덩굴

Cocculus trilobus (Thunb.)
DC.

생활형

다년생

분포

전국

형태

줄기 길이는 1~3m이다. 다른 물체를 감아 올라가며 털이 있다.

잎 어긋나고 엽병은 1~3cm이며 난형 또는 난상 원형이다. 길이는 3~12cm, 너비는 2~10cm이며 윗부분이 3개로 갈라지기도 하고 3~5개의 맥이 있다.

꽃 5~6월에 황백색으로 피며 잎짬에서 나온 원추화서에 달린다. 암수딴그루이고 꽃받침조각, 꽃잎은 수술은 각각 6개이고 주두는 원주형이다.

열매 핵과로 구형이고 지름 5~8mm이다. 10월에 흑색으로 익으며 흰 가루로 덮여 있다. 종자는 원형에 가깝고 편평하며 지름 4mm정도로서 많은 띠 모양의 주름이 있다.

▼ 생육

▼ 생육 초기

새모래덩굴

Menispermum dauricum
DC.

생활형

다년생

분포

전국

형태

줄기 길이 1~3m이고 다른 물체를 감아 올라간다.

잎 어긋나고 엽병은 5~15cm이며 잎 기부의 가장자리로부터 6~10mm 떨어진 지점 뒷면에 방패처럼 달린다. 심장 또는 신장 모양의 원형으로 길이와 너비가 각각 5~13cm이며, 5~9개로 얕게 각이 져 있거나 밋밋하다. 표면은 녹색, 뒷면은 흰빛이 돈다.

꽃 5~6월에 연한 황색으로 피고 잎짬에서 나온 원추화서에 달린다. 자웅동주로 수꽃은 꽃받침조각이 4~6개, 꽃잎이 6~10개, 수술이 12~24개이다. 암꽃은 심피가 3개이고 주두는 2개로 갈라진다.

열매 핵과로 구형이며 지름 1cm 정도이고 9월에 흑색으로 익는다. 종자는 7mm정도로 편평한 신장형이며 깊은 홈이 있다.

▼ 생육 중기

애기똥풀

Chelidonium majus var. *asiaticum* (H. Hara) Ohwi

생활형

동계일년생

분포

전국

형태

줄기 높이 30∼80cm이며 가지를 많이 치고 분백색을 띤다. 자르면 등황색의 유액이 나오고 뿌리는 등황색으로 깊이 들어간다.

잎 마주나고 1∼2회 우상으로 갈라지며 길이 7∼15cm, 너비 5∼10cm이고 열편은 뒤가 희고 가장자리에 둔한 톱니나 결각이 있다.

꽃 5∼8월에 황색으로 피고 위쪽의 잎짬이나 잎과 마주나며 산형으로 달린다. 받침조각은 2개로 타원형이다. 꽃잎은 4개로 긴 난형, 수술은 다수, 암술대는 다소 비후하고 얕게 2열한다.

열매 삭과로 좁은 원주형이다.

▼ 생육 초기

▼ 꽃봉오

▼ 꽃과 잎

염주괴불주머니

Corydalis heterocarpa
Siebold & Zucc.

생활형

동계일년생

분포

전국

형태

줄기 높이 40~60cm로 약간 비후하며 전체에 분백색이 돈다. 자르면 불쾌한 냄새가 난다.

잎 어긋나고 엽병이 길며 난상 삼각형으로 2회 3출 복엽이다. 소엽은 결각 또는 깊게 갈라지며 열편은 난상 쐐기모양으로 가장자리는 밋밋하다.

꽃 4~5월에 황색으로 피고 가지와 줄기 끝에 총상화서로 달린다. 소화경은 짧고 포는 피침형이다. 한쪽으로 거가 있고 수술은 6개가 2체로 갈라진다.

열매 삭과로 넓은 선형이며 염주처럼 잘록잘록하다. 종자는 흑색이며 원주상의 돌기가 밀생하고 1줄로 들어있다.

자주괴불주머니

Corydalis incisa (Thunb.) Pers.

생활형

다년생

분포

강원을 제외한 전국

형태

줄기 높이 20~50cm이고 능선이 있으며 연약하다. 뿌리는 다소 방추형으로 비후하다.

잎 뿌리에서 나온 잎은 엽병이 길고 삼각상 난원형으로 길이 3~8cm이며 3회 3출 복엽이고 소엽은 3출상 또는 약간 우상으로 갈라지며 열편은 쐐기모양으로 결각이 있다. 줄기에서 나온 잎은 어긋나고 위로 갈수록 엽병이 짧아진다.

꽃 5월에 홍자색 또는 백색으로 피고 일부에 자색반점이 있으며 줄기 끝에 총상화서로 달린다. 소화경은 10~15mm이고 포는 쐐기모양의 장타원형으로 결각이 있다. 화통은 한쪽에 거가 있고 수술은 6개가 양체로 갈라진다.

열매 삭과로 좁은 장타원형이고 밑으로 처진다. 종자는 흑색으로 광택이 있다.

▼ 꽃

▼ 잎

괴불주머니

Corydalis pallida (Thunb.) Pers.

생활형

동계일년생

분포

전국

형태

줄기 높이 30~50cm이고 총생 한다. 다소 분백색을 띠며 연약 하다.

잎 마주나고 2회 우상으로 가늘 게 갈라진다. 소엽은 넓은 난형 으로 깊이 갈라지며 다시 약간 결각이 있다.

꽃 4~5월에 황색으로 피고 줄 기 끝에 총상화서로 많은 꽃이 달린다. 포는 피침형 또는 넓은 피침형으로 종종 결각이 있다. 소화경은 5~12mm이며 화통은 한쪽으로 거가 있다.

열매 삭과로 선형이며 약간 만 곡하고 현저한 염주모양으로 되 고 종자는 흑색이며 원추상의 돌기가 밀포한다.

선괴불주머니

Corydalis pauciovulata
Ohwi

생활형

동계일년생

분포

전국

형태

줄기 높이 100cm정도로 길게 자라고 가지를 친다.

잎 2~3회 3출엽이며 최종 소엽은 3개로 깊게 갈라지고 열편은 도란형이며 길이 1~1.5cm, 너비 0.5~1cm, 털이 없고 분백색을 띤다.

꽃 7~9월에 담황색으로 피며 가지 끝에 총상화서를 이룬다. 꽃자루는 4~7mm이다. 꽃은 길이 15~20mm이고 포는 난형으로 가장자리가 밋밋하다.

열매 삭과로 긴 도란형으로 길이 12~15mm정도, 너비 3.5~4.5mm정도이다. 종자는 흑색이며 2줄로 배열되고 밋밋하다.

산괴불주머니

Corydalis speciosa Maxim.

생활형

동계일년생

분포

전국

형태

줄기 높이 50cm정도에 달하고 가지를 치며 전체에 분백색이 돈다.

잎 어긋나고 2회 우상복엽이며 길이 10~15cm, 너비 4~6cm이다. 소엽은 난형으로 우상으로 갈라지며 열편은 선상 장타원형으로 끝이 뾰족하다.

꽃 4~5월에 황색으로 피고 줄기와 가지 끝에 총상화서로 많은 꽃이 달린다. 포는 난상 피침형이고 때로 갈라지며 화통은 한쪽에 다소 만곡하는 거가 있다. 수술은 6개가 양체로 갈라진다.

열매 삭과로 선형이고 염주같이 잘록잘록하다. 종자는 둥글고 흑색이며 표면에 가는 오목한 점이 빽빽하게 있다.

▼ 화서

들현호색

Corydalis ternata (Nakai) Nakai

생활형

다년생

분포

전국

형태

줄기 높이 15~20cm이다. 지하경 땅속으로 벋으면서 작은 괴경을 만든다.

잎 어긋나고 밑부분의 것은 엽병이 길고 위로 갈수록 짧아진다. 3출엽이며 소엽은 타원형, 난형 또는 도란형으로 길이 8~20mm, 너비 3~16mm이다. 표면은 녹색이며 뒷면은 회청색이고 불규칙한 결각상의 톱니가 있다.

꽃 4~5월에 홍자색으로 피고 줄기 끝에 총상화서로 달린다. 포는 난상피침형으로 가장자리가 밋밋하다. 화통은 한쪽에 거가 있으며 수술은 6개가 양체로 갈라진다.

열매 삭과로 장타원상 선형이다. 종자는 구형이고 한 줄로 배열 되어있다.

참고

지하경이 땅속으로 벋으며 괴경을 형성한다.

▼ 유식물

▼ 수꽃 화서

▼ 암꽃 화서

환삼덩굴

Humulus japonicus Sieboid & Zucc.

생활형
하계일년생

분포
전국

형태
줄기 2~3m에 달하며 모가 지고 원줄기와 엽병에 밑으로 향한 가시가 있어 거칠다.

잎 마주나고 엽병 끝에서 손바닥 모양으로 5~7개가 갈라지며 길이와 너비는 5~12cm이다. 엽저는 심장저이며 열편은 난형 또는 피침형으로 끝이 뾰족하고 밑부분은 좁아지며 불규칙한 톱니가 있다. 양면에 거친 털이 있으며 뒷면에 황색 선점이 있다.

꽃 자웅이주로 5~8월에 핀다. 수꽃이삭은 엷은 황록색이며 원추화서로 잎짬에 달린다. 암꽃이삭은 자색을 띤 갈색이며 수상화서로 달린다.

열매 수과로 편구형이며 지름 5mm정도, 황갈색이 돌고 윗부분에 잔털이 있다.

참고
줄기와 엽병에 밑을 향한 가시가 있어 거칠다.

뽕모시풀

Fatoua villosa (Thunb.) Nakai

생활형

하계일년생

분포

전국

형태

줄기 높이 30~80cm로 곧추 서며 드물게 분지한다. 녹색이나 간혹 암자색이 돌며 전체에 잔털이 있다.

잎 어긋나고 엽병은 1~6cm이며 난형으로 길이 3~9cm, 너비 2~5cm이다. 3행맥이고 양면이 거칠며 끝이 뾰족하고 둔한 톱니가 있으며 밑부분은 다소 수평이다.

꽃 자웅동주로 9~10월에 녹색으로 핀다. 집산화서로 가지 또는 원줄기의 잎짬에 달린다. 암수꽃이 섞여 나며 화피는 4개로 갈라지고 수술은 4개이다.

열매 수과로 지름 1mm 정도이며 윗부분이 편평하고 앞, 뒤, 밑에 살이 붙고 다즙질이며 팽압에 의해 종자를 내보낸다.

▼ 생육 중기

모시풀

Boehmeria nivea (L.) Gaudich.

생활형

다년생

분포

중부 이남

형태

줄기 높이 1~2m이며 약간 분지하고 녹색이다. 엽병과 더불어 회백색의 거친 털이 밀생하고 뿌리는 목질이다.

잎 어긋나고 엽병은 잎과 길이가 같거나 약간 짧으며 난상 원형으로 길이 10~15cm, 너비 6~12cm이다. 엽두는 꼬리처럼 약간 길고 규칙적인 치아상 톱니가 있다. 표면은 짙은 녹색으로 거칠고 털이 약간 있으며 뒷면은 솜 같은 털이 밀생하고 흰빛이 돈다.

꽃 자웅동주로 7~8월에 엷은 녹색으로 피며 원추화서로 잎짬에 나고 줄기 밑부분에 수꽃화서 윗부분에 암꽃화서가 달린다.

열매 타원형으로 여러 개가 함께 붙어 있다.

▼ 암꽃 화서   ▼ 수꽃 화서

섬모시풀

Boehmeria nivea var.
nipononivea (Koidz.)
W.T.Wang

생활형

다년생

분포

제주, 전남

형태

줄기 높이 100~150cm이며 총생하고 엽병과 더불어 짧은 눈털이 밀생한다.

잎 마주나고 엽병은 3~9cm이다. 넓은 난형으로 길이 9~15cm, 너비 6~12cm이며 끝은 꼬리처럼 길고 둔한 톱니가 있으며 표면에는 백색 점과 털이 약간 있고 뒷면에는 백색 솜털이 있어 희며, 맥 위에 잔털이 있고 밑 부분에 선상 탁엽이 있다.

꽃 8~9월에 피어 자웅동주이다. 잎짬에 나는 원추화서에 달리고 밑부분에 수꽃화서, 윗부분에 암꽃화서가 난다.

열매 화피통에 싸여 있으며 난원형이다.

암꽃 화서

▼ 생육 종

왕모시풀

Boehmeria pannosa Nakai & Satake

생활형

다년생

분포

제주, 전남, 경남

형태

줄기 높이 100cm에 달하고 총생하며 윗부분에 짧은 털이 밀생한다.

잎 마주나고 엽병이 있다. 넓은 난형 또는 원심장형으로 길이와 너비가 각 10~20cm이며 끝은 뾰족하고 거의 규칙적인 치아상 톱니가 있다. 표면에는 짧은 털이 있고 뒷면에는 부드러운 털이 밀생하며 3맥이고 탁엽은 장타원형 또는 피침형이다.

꽃 8월에 엷은 녹색으로 피며 자웅동주이다. 수상화서는 잎짬에 나고 줄기 밑부분에 수꽃화서, 윗부분에 암꽃화서가 달리며 꽃은 둥글게 모인다.

열매 도란형으로 윗부분에 백색 털이 있다.

모시물통이

Pilea mongolica Wedd.

생활형

하계일년생

분포

전국

형태

줄기 높이 30~50cm로 곧추 서며 수분이 많고 엷은 녹색으로 털이 없다.

잎 마주나고 엽병은 1~3cm이다. 능상 난형으로 길이 1.5~10cm, 너비 1~7cm이며 끝은 짧은 꼬리처럼 뾰족하고 밑에서 3맥이 발달하며 양면에 털이 있고 결정체가 불규칙하게 배열하며 삼각상 톱니가 있다.

꽃 9월에 엷은 녹색으로 피며 자웅동주이고 잎짬에 모여서 1~3cm의 밀산화서를 형성한다.

열매 수과로 난형이며 편평하고 적갈색의 작은 점이 있다.

▼ 개화

화서

▼ 유식물
▼ 생육 중기
▼ 화서
▼ 꽃
▼ 열매

미국자리공

Phytolacca americana L.

생활형

다년생

분포

전국

형태

줄기 높이 100~300cm로 초록색 바탕에 적자색으로 물이 들며 많은 가지를 친다. 뿌리는 비대해지며 방추상이다.

잎 어긋나고 난상 타원형이다.

꽃 6~9월에 피고 총상화서를 이루며 잎과 마주 달린다. 총상화서는 길이 10~15cm로 아래를 향하여 늘어지며 꽃자루가 있다. 꽃잎은 5개로 넓은 난형이며 백색 또는 붉은색을 띤다. 꽃잎은 없고 수술은 10개, 암술은 1개, 씨방은 녹색 구형으로 10실이다.

열매 10개의 골이 있으며 편구형으로 지름 7~8mm, 육질이며 적자색이다.

참고

외래종이다.

흰명아주

Chenopodium album L.

생활형

하계일년생

분포

전국

형태

줄기 높이 10~300cm이며 현저하게 세로로 골이 파여 있다.

잎 어긋나고 잎새는 삼각상 난형으로 끝이 둔두~예두이며 위쪽의 잎은 피침형으로 톱니가 없다. 어린잎 양면에 가루 모양의 털이 있어 백색이며 성숙하면 뒷면만 백색이 된다.

꽃 6~7월에 피고 백색이며, 가지 끝이나 잎겨드랑이에서 생긴 수상화서가 모여서 원추화서를 이룬다. 꽃받침은 5개로 등 쪽에 가루 모양의 털이 있고 열매를 싸고 있다.

열매 포과이며 편구형으로 지름 1~1.3mm정도로 검은색의 종자 한 개가 있다.

▲ 화서　▼ 유서

▼ 생육 초기　　▼ 생육 중

참고

외래종이다.

▼ 생육 중기

양명아주

Chenopodium ambrosioides L.

생활형
하계일년생

분포
전남, 경남, 충남, 제주

형태
줄기 높이 30~80㎝이고 가지를 많이 치며 냄새가 난다.

잎 어긋나기이며 장타원상 피침형으로 크기가 다른 톱니가 있고 뒷면에는 담황색의 선점이 있다.

꽃 6~9월에 피며 원추화서이다. 화피편은 5개로 난형이고 선점이 있다. 양성화는 5개로 수술이 있고 수술은 화피 밖으로 튀어나온다. 자성화는 작고 수술이 퇴화되어 없고 암술만 있으며 암술머리는 3개이다.

열매 종자는 둥근 난형이고 흑갈색으로 지름은 0.7㎜정도이다.

참고
외래종이다.

좀명아주

Chenopodium ficifolium
Smith

생활형

하계일년생

분포

전국

형태

줄기 높이 30~100cm이며 곧추
서고 가지가 많이 친다.

잎 어긋나고 엽병이 있다. 삼각
상 장타원형으로 길이 2~5cm,
너비 1~3cm이며 끝이 둔하고 세
개로 얕게갈라지며 가장자리에
불규칙한 톱니가 있고 뒷면은
분백색이다.

꽃 5~7월에 녹색으로 피며 양
성이고 가지 끝에 원추화서로
빽빽이 달린다. 화피는 5개이고
도란형이며 등에 모가 있고 수
술은 5개, 암술대는 2개이다.

열매 포과로 뒷면에 능선이 있
고 꽃받침으로 싸여 있으며 1개
의 흑색 종자가 들어 있다.

▼ 유식물

▼ 화

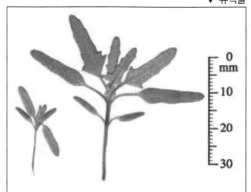

▼ 생육 초기

참고

외래종이다.

▼ 유식물

취명아주

Chenopodium glaucum L.

생활형

하계일년생

분포

전국

형태

줄기 높이 10~30㎝로 눕거나 비스듬히 서며 가지를 많이 치고 약간 육질이며 전체에 털이 없다.

잎 어긋나고 엽병은 5~20㎜이다. 장타원상 난형 또는 넓은 피침형으로 길이 2~4㎝, 너비 5~15㎜이며 끝은 둔하고 밑은 쐐기모양이며 가장자리에는 깊은 물결모양의 톱니가 있고 표면은 짙은 녹색이며 뒷면은 분백색이다.

꽃 7~8월에 황록색으로 피며 잎짬과 가지 끝에 짧은 수상화서가 발달하여 밀생한다. 화피편은 2~5개, 수술은 5개, 암술대는 2개이다.

열매 포과이며 화피가 자라서 과실을 둘러싸고 그 속에 1개의 광택이 있는 흑갈색 종자가 들어 있다.

참고

외래종이다.

냄새명아주

Chenopodium pumilio
R.Br.

생활형

하계일년생

분포

제주

형태

줄기 높이 15~40cm로 다세포의 굽은 털과 샘털이 있고 식물 전체에서 강한 냄새가 난다.

잎 어긋나고 장타원형으로 길이 0.8~3cm, 너비 4~15mm이며 가장자리에는 3~4쌍의 삼각상 톱니가 있다. 표면은 광택이 있고 뒷면에는 자루가 있는 황색 선점이 있다.

꽃 7~8월에 피고 잎겨드랑이에 밀집해서 지름 4mm 정도의 덩어리가 된다. 꽃받침은 5개로 초록색이며 두껍고 다세포의 털과 선점이 있다.

열매 포과이며 꽃받침에 싸여 있고 씨는 진한 갈색이며 편구형으로 지름은 0.6mm정도이다.

▼ 생육 초기

▼

참고

외래종이다.

46

댑싸리

Kochia scoparia (L.)
Schrad. var. *scoparia*

생활형

하계일년생

분포

전국

형태

줄기 높이 55~150cm에 달하고 곧추 서며 경질이고 가지가 많이 갈라진다.

잎 어긋나고 피침형 또는 선상 피침형으로 길이 2~5cm, 너비 2~8mm이며 양끝이 좁아지고 가장자리는 밋밋하며 3맥이 있고 털이 약간 있다.

꽃 7~8월에 엷은 녹색으로 피며 양성화와 암꽃이 있고 잎짬에 1~3개씩 모여 달리고 꽃대가 없으며 밑에 잎 같은 포가 있고 가지 전체가 커다란 원추화서를 이룬다. 화피편, 수술은 각 5개이고 암술대는 2개로 갈라진다.

열매 포과로 원반형이며 속에 종자가 1개씩 들어 있다.

털쇠무릎

Achyranthes fauriei H.Lev.
& Vaniot

생활형

다년생

분포

전국

형태

줄기 높이 40~90cm며 가지를 치고 사각형이다. 마디는 조금 부풀었고 홍자색을 띤다.

잎 마주나며 장타원형으로 엽질이 두껍고 길이 10~20cm, 너비 4~10cm이며 양면에 약간의 털이 있다.

꽃 8~9월에 피며 가지 끝과 위쪽 잎겨드랑이에 수상화서가 달리는데 5개의 수술이 달린 꽃이 밀집한다.

열매 꽃이 진 다음 밑으로 굽어서 화서축에 붙는다.

▼ 유

▼ 개화기

▼

48

쇠무릎

Achyranthes japonica
(Miq.) Nakai

생활형

다년생

분포

전국

형태

줄기 높이 40~100㎝이며 사각형이다. 가지가 많이 갈라지고 마디가 볼록하여 무릎과 같다.

잎 마주나고 엽병이 있으며 장타원상 타원형 또는 도란형으로 양끝이 좁아지고 길이 10~20㎝, 너비 4~10㎝이며 엽질이 얇으며 털이 약간 있다.

꽃 8~9월에 녹색으로 피며 양성으로 잎짬과 줄기 끝에 발달한 수상화서에 밀착하고 열매가 달릴 때에는 반곡하여 거꾸로 달린다. 꽃 밑에 달린 3개의 소포 중 2개는 밑에 난형의 돌기가 2개씩 있다. 화피편과 수술은 각 5개이고 암술대는 1개이다.

열매 포과로 타원형이며 화피로 싸여 있고 1개의 종자가 들어 있다.

참고

유사종인 털쇠무릎에 비해 잎이 얇고 털이 적으며 그늘진 곳에서 잘 자란다.

긴털비름

Amaranthus hybridus L.

생활형

하계일년생

분포

전국

형태

줄기 100㎝ 정도로 곧게 자라고 가지를 별로 치지 않으며 식물체 전체에 짧은 털이 있어 꺼끌꺼끌하다.

잎 어긋나고 엽병이 있으며 마름모꼴에 가까운 난형으로 양 끝이 뽀족하고 가장자리는 거의 거치가 없다.

꽃 9~10월에 핀다. 줄기 끝이나 위쪽의 잎겨드랑이에 5~20㎝ 정도의 원주상의 화수가 달리며 화수는 가지를 치지 않는다. 작고 많은 꽃이 밀착되며 소화는 소포엽보다 짧다. 소포엽은 끝에 자상 돌기가 있다. 수술은 5개이다.

열매 약간 주름이 지며 가로로 갈라진다.

참고

외래종이다.

▼ 유식물

▼ 생육 초기

▼ 화서

개비름

Amaranthus lividus L.

생활형

하계일년생

분포

전국

형태

줄기 높이 30cm 내외로 곧추 서며 기부에서 많은 가지가 갈라지고 전체에 털이 없다.

잎 어긋나고 엽병은 길며 능상 난형으로 길이 4~8cm, 너비 2.5~4cm이며 끝은 눈에 띌 정도로 폭 들어가고 녹색이나 흔히 갈자색이 돈다.

꽃 6~7월에 녹색으로 피며 양성으로 잎짬에 모여 나거나 가지 끝에 짧은 수상화서를 이룬다. 포는 난형으로 화피편의 길이에 비해 반정도이다. 화피편은 3개이고 피침형이며 수술은 3개이다.

열매 포과로 둥글며 화피보다 길고 주름이 약간 있다.

참고

외래종이다.

가는털비름

Amaranthus patulus Bertol.

생활형

하계일년생

분포

전국

형태

줄기 높이 60~200cm로 곧게 자란다.

잎 어긋나고 능상난형으로 길이는 5~12cm이고 잎 가장자리는 톱니가 없으며 주름이 진다.

꽃 7~10월에 초록색으로 피며 자웅이가화이고 원추화서를 이룬다. 화수는 폭 5~7mm로 원주상이며 줄기 끝에 있는 것은 길게 자라며 옆의 것은 곧게 또는 비스듬히 여러 개의 짧은 화수를 만든다. 포엽은 길이 2~4mm, 화피편은 5개로 길이 1.5~2mm이며 끝이 뾰족하다.

열매 포과이며 화피편 보다 조금 길며 익으면 가로로 쪼개진다. 종자는 흑색이고 지름 1mm로 광택이 있다.

▼ 유식물

▼

▼ 생육 초기

참고

외래종이다.

민털비름

Amaranthus powellii S. Watson

생활형
하계일년생

분포
경기, 강원

형태
줄기 높이 0.3~1.5m로 곧추 서고 털이 없거나 위를 향한 연모가 드물게 있지만 결실기에 탈락한다.

잎 어긋나고 길이 4~8cm, 너비 2~3cm이고, 넓은 침형, 능형 또는 피침형이며 엽병의 길이는 엽신의 길이와 같거나 길다. 끝은 예두에서 둔두 혹은 드물게 요두이고, 밑은 쐐기형이며 가장자리는 전연이다.

꽃 6~10월에 녹색에서 회록색, 또는 드물게 짙은 적색으로 핀다. 화서는 원줄기 끝과 잎 겨드랑이에 달리며 수상화서로 직립하고 잘 휘지 않으며, 화서의 끝부분까지 잎이 나지 않는다. 소포는 길이 4~7mm로 화피에 비해 2~3배 정도 길고 피침형이며 뻣뻣하다. 화피편은 난상 타원형 또는 타원형이며 길이는 1.5~3.5mm인데, 일반적으로 3~5개가 달리고 서로 길이가 조금씩 다르다. 암꽃의 주두는 3개로 갈라지고, 수꽃에는 3~5개의 수술이 있다.

열매 포과로 길이 2~3mm정도로 아구형 또는 난형이며 화피와 같거나 짧고 주두쪽으로 올라가면서 서서히 좁아진다. 표면은 부드럽거나 윗부분에 불규칙한 주름이 지며 열개선은 가로로 열린다. 종자는 1개씩 달리고 지름 1~1.4 mm정도이고 검은색이며 광택이 있다.

참고
외래종이다.

털비름

Amaranthus retroflexus L.

생활형

하계일년생

분포

경기, 강원

형태

줄기 높이 40~150㎝이고 다소 비후하며 세로로 능선이 있고 굵은 가지를 내며 전체에 짧은 털이 있다.

잎 어긋나고 엽병은 3~8㎝이며 능상난형으로 길이 5~10㎝, 너비 3~6㎝ 이며 끝은 짧은 돌기로 끝나고 밑은 쐐기모양이며 뒷면 맥 위에 털이 있다.

꽃 7~8월에 연한 녹색으로 피며 잡성으로 잎짬과 가지 끝에 털이 많은 수상화서에 달린다. 포는 화피의 2배 길며 화피편은 백막질로 수술과 같이 각 5개이며 암술대는 3개로 갈라진다.

열매 포과이며 화피보다 짧고 옆으로 갈라지며 렌즈모양의 흑색 종자가 들어 있다.

▼ 화서

참고

외래종이다.

54

가시비름

Amaranthus spinosus L.

생활형

하계일년생

분포

제주

형태

줄기 높이 40~80cm이다. 곧
추서고 가지를 많이 치며 털이
없다.

잎 어긋나고 잎자루 기부에 길
이 5~20mm의 단단한 탁엽성 가
시가 1쌍 있다. 잎은 난형, 마름
모형으로 길이는 5~8cm, 중앙맥
은 끝이 잎새 밖으로 돌출한다.

꽃 6~9월에 피며 자웅이주이
다. 암꽃 잎겨드랑이에 많은 꽃
이 머리 모양으로 덩어리져 달
리고 수꽃 정상에 밀집된 원주
형의 수상화서 속에 있다.

열매 포과이며 화피의 길이가 같
고 과피에는 주름이 있다.

▼ 유식물

▼ 생육 초기

▼ 화서

▼ 가시

참고

외래종이다.

청비름

Amaranthus viridis L.

▼ 유

생활형

하계일년생

분포

제주, 전남, 인천, 경북

형태

줄기 높이 50~90cm으로 곧추
서며 털이 거의 없다.

잎 마주나고 엽병이 길며 삼각
상 넓은 난형으로 길이 4~12cm,
너비 2~7cm이며 끝은 둥글거나
폭 들어가고 밑은 넓은 쐐기모
양이다 .

꽃 7~10월에 녹색으로 피며 윗
부분의 잎짬과 줄기 끝에 수상
화서로 달린다. 포는 난형 또는
피침형으로 끝이 뾰족하고 화
피보다 짧다. 화피편은 3개이고
장타원형이며 꼬리모양으로 뾰
족하다.

열매 포과로 둥글고 화피보다
약간 길며 주름이 많고 갈라지
지 않는다.

▼ 피해 전경

▼ 화

참고

외래종이다.

개맨드라미

Celosia argentea L.

생활형

하계일년생

분포

전국

형태

줄기 높이 40~80㎝로 곧추 서며 가지를 치고 털이 없다.

잎 어긋나고 피침형 또는 좁은 난형으로 길이 3~10㎝, 너비 1~3㎝이며 끝은 뾰족하고 아랫부분이 밑으로 흘러 엽병이 있거나 없다.

꽃 7~8월에 연한 홍색으로 피며 양성으로 줄기와 가지 끝의 수상화서에 밀생한다. 포와 소포는 백색이고 건막질이다. 화피편은 피침형이며 꽃이 진 다음 백색으로 되며 수술은 5개이다.

열매 포과로 구형이며 옆으로 갈라지고 수개의 종자가 들어 있다. 종자는 지름 1.5㎜정도이다.

참고

외래종이다.

쇠비름

Portulaca oleracea L.

생활형

하계일년생

분포

전국

형태

줄기 길이 15~30cm며 밑에서 가지를 많이 쳐서 옆으로 퍼지고 밑부분은 땅에 닿아 평활하고 자색을 띤 적색이다.

잎 대개 마주나고 엽병은 짧다. 도란상 장타원형으로 길이 1~2.5cm, 너비 5~15mm이며 끝은 둥글고 밑은 쐐기모양이다.

꽃 6~9월에 황색으로 피며 가지 끝에 잎이 모여 나고 그 속에 2~3개의 소화가 숨겨져 있어 햇볕이 비치면 열린다. 화피편은 5개, 수술은 7~12개, 주두는 5개로 갈라진다.

열매 뚜껑이 달린 개과로 장타원형이고 중앙부가 옆으로 갈라져서 대가 달린 많은 종자가 나온다. 종자는 찌그러진 원형으로 지름 0.5mm정도, 검은빛이 돌고 가장자리가 약간 도톨도톨하다.

▼ 유

▼ 생육 초기

석류풀

Mollugo pentaphylla L.

생활형

하계일년생

분포

전국

형태

줄기 높이 8～25㎝로 가늘고 밑에서부터 많은 가지가 치며 능선이 있다.

잎 밑 부분에서는 3～5매씩 돌려나고 윗부분에서는 마주난다. 엽병은 없고 피침형 또는 도피침형으로 길이 1.5～3㎝, 너비 3～7㎜이고 양끝이 좁아지며 1맥이 있다. 탁엽은 막질로 침형이다.

꽃 7～10월에 황갈색으로 피며 가지 끝과 잎짬에서 취산화서를 이루며 포는 작고 막질이다. 소화경은 1～4㎜이며 꽃받침은 5개, 수술은 3～5개, 암술대는 3개이다.

열매 삭과로 지름 2㎜정도, 둥글며 3개로 갈라진다. 종자는 편평한 신장형이며 0.5㎜정도, 갈색이고 잔돌기가 있다.

▼ 화서

▼ 꽃

벼룩이자리

Arenaria serpyllifolia L.

생활형

동계일년생

분포

전국

형태

줄기 높이 10~25cm로 밑에서부터 많이 갈라지며 전체에 짧은 털이 있고 밑의 가지는 옆으로 뻗어 땅에 닿는다.

잎 마주나고 엽병이 없으며 난형 또는 타원형으로 길이 3~7mm, 너비 1~5mm이며 양끝이 좁다.

꽃 4~5월에 백색으로 피고 윗부분의 잎짬에 달리며 화경은 1cm정도이고 전체적으로 잎이 달린 취산화서로 된다. 꽃받침조각, 꽃잎은 각 5개, 수술은 10개, 암술대는 3개이다.

열매 삭과로 길이 3mm정도, 난형이고 끝이 6개로 갈라진다. 씨는 신장형으로 길이 0.5mm정도, 짙은 갈색이며 겉에 잔 점이 있다.

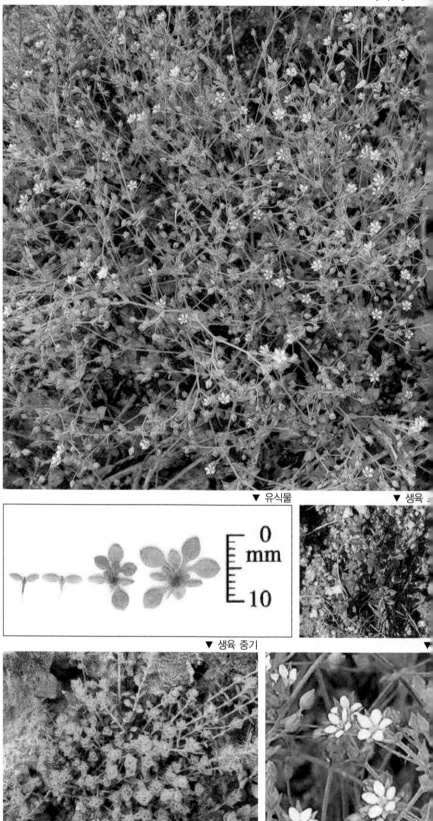

▼ 유식물   ▼ 생육

▼ 생육 중기

▼ 생육 초기

▼ 생육 중기

▼ 화서

▼ 꽃

유럽점나도나물

Cerastium glomeratum
Thuill.

생활형

동계일년생

분포

전국

형태

줄기 높이 10~30cm이고 대개 담녹색을 띠며 줄기 상부에는 점질의 털이 밀생한다.

잎 마주나고 잎자루는 없다. 뿌리에서 나온 잎은 기부에 가까울수록 주걱형이며 길이 1~2cm 며 위쪽의 잎은 타원형이고 녹색으로 양면에 털이 밀생한다.

꽃 4~6월에 피며 취산화서로 꽃이 필 때는 둥글게 뭉쳐지며 열매 일 때는 성기게 배열된다. 꽃잎은 5개로 백색, 수술은 10개, 암술은 1개로 암술머리가 5개로 갈라지고 된다. 꽃받침은 5개이며 담녹색으로 뒷면은 물론 끝부분까지 긴 털과 선모가 혼생한다.

열매 원통형이고 10개가 있다. 종자는 담갈색, 지름 0.5mm정도 이며 사마귀 모양의 작은 돌기로 덮여 있다.

참고

외래종이다. 유사종인 점나도나물과 달리 줄기와 잎이 옅은 녹색을 띠고, 소화경이 짧아 꽃이 뭉쳐난다.

점나도나물

Cerastium holosteoides
var. *hallaisanense* (Nakai)
Mizush.

생활형

동계일년생

분포

전국

형태

줄기 높이 15~25cm로 밑에서 갈라져서 모여 난다. 흑자색을 띠고 털이 있으며 윗부분에 선모가 있다.

잎 마주나고 난형 또는 장타원형으로 길이 1~4cm, 너비 4~12mm이며 끝이 둔하고 양면에 털이 있다.

꽃 5~7월에 백색으로 피며 줄기 끝에 취산화서로 달린다. 소화경은 5~25mm이고 꽃이 진 뒤에 밑으로 굽는다. 꽃잎은 끝이 2열하며 꽃받침보다 짧고 수술은 10개, 암술대는 5개로 갈라진다. 꽃받침은 가장자리가 막질이다.

열매 삭과로 길이 9mm정도, 원주형이고 끝이 10개로 갈라진다. 종자는 난형으로 갈색이며 사마귀 같은 작은 돌기가 있다.

▼ 화서

참고

유사종인 유럽점나도나물에 비해 줄기가 짙은 자색을 띠며, 소화경이 길어서 꽃이 진 뒤에 아래로 굽는다.

▼ 생육 초기

개미자리

Sagina japonica (Sw.) Ohwi

생활형

동계(하계)일년생

분포

전국

형태

줄기 높이 5~20cm이고 밑에서 가지 쳐서 모여 나며 상부에 짧은 선모가 있다.

잎 마주나고 침형으로 길이 7~18mm, 너비 0.8~1.5mm이며 끝은 뾰족하고 밑 부분이 합생하여 막질의 짧은 통을 만든다.

꽃 6~8월에 백색으로 피며 화경은 1~2cm이다. 잎짬에 1개씩 나나 가지 끝에 취산화서를 형성하고 꽃잎은 꽃받침조각이 각 5개, 수술은 5~10개, 암술대는 5개이다.

열매 난상 구형이고 5개로 깊게 갈라진다. 종자는 지름 0.3mm정도, 넓은 난형으로 갈색이며 원주형의 미세한 돌기가 빽빽이 난다.

양장구채

Silene gallica L.

▼ 생육 초기

생활형

동계일년생

분포

제주

형태

줄기 10~50㎝로 가늘며 털이 많고 위쪽에는 선모도 있다.

잎 마주나고 뿌리에서 나는 잎은 주걱형, 줄기에서 나는 잎은 피침형으로 길이 1.5~4㎝, 가장자리가 밋밋하며 빳빳한 털이 있다.

꽃 4~7월에 흰색 또는 옅은 분홍색으로 피며 총상화서는 길이 15㎝정도이고 짧은 꽃자루를 가진 꽃이 포엽의 겨드랑이에 달린다. 꽃잎은 백색 또는 분홍색이며 꽃받침보다 길고 끝이 요두이다. 열매 일 때의 꽃받침은 길이 7~10㎜로 기부는 둥글고 긴 연모와 선모가 있으며 10개의 맥이 뚜렷하고 끝에 피침형의 꽃받침 열편이 붙는다.

열매 삭과이며 꽃받침에 싸여 있고 많은 종자가 들어 있으며 3실이다. 종자는 콩팥모양이며 흑색으로 지름 1㎜정도, 오글쪼글한 주름이 있다.

▼ 꽃

참고

외래종이다.

64

▼ 생육 초기   ▼ 잎

들개미자리

Spergula arvensis L.

생활형

하계(동계)일년생

분포

제주, 남부, 중부

형태

줄기 높이 20~50cm이며 아래쪽에 가지를 치고 윗부분에 선모가 있다.

잎 좁은 선형으로 길이는 1.5~4cm이고 12~18개가 마디에 모여서 돌려나는 것처럼 보인다. 탁엽은 작고 삼각형으로 길이 1mm, 막질이다.

꽃 6~8월에 피며 백색이고 지름 5~6mm이며 엉성한 취산화서를 만든다. 꽃잎은 5개, 꽃받침 또한 5개이다. 수술은 10개, 암술대는 5개이다.

열매 길이 4.5mm정도로 넓은 난형이다. 씨는 렌즈 모양으로 부풀고 지름 1~1.2mm로 흑색이며 유두상의 돌기가 있고 가장자리에 좁은 날개가 있다.

▼ 꽃   ▼ 열매

참고

외래종이다. 줄기 위쪽에 선모가 있어 끈적거리고 좋지 않은 냄새가 난다.

벼룩나물

Stellaria alsine var.
undulata (Thunb.) Ohwi

생활형

동계일년생

분포

전국

형태

줄기 높이 15~25cm이고 밑부분에서 가지가 많이 나와 총생하며 털이 없다.

잎 마주나고 엽병은 없다. 장타원형으로 끝은 뾰족하며 길이 8~13mm, 너비 2.5~4mm이다. 양면에 털이 없고 녹백색이며 엽맥은 1개이고 측맥은 불명확하다.

꽃 4~5월에 백색으로 피며 잎짬과 줄기 끝에 취산화서로 달린다. 화서의 포는 백색막질이다. 꽃잎은, 꽃받침조각은 각 5개, 수술은 6개, 암술대는 2~3개이다.

열매 삭과로 길이 3.5mm정도, 타원형이며 6개로 갈라진다. 종자는 둥근 신장형으로 길이 0.5mm 정도, 짙은 갈색이고 표면에 돌기가 약간 있다.

▼ 생육 초기

쇠별꽃

Stellaria aquatica (L.)
Scop.

생활형

다년생, 동계일년생

분포

전국

형태

줄기 길이 50cm로 가지를 잘 치고 밑부분은 땅에 닿으며 1개의 실 같은 관속이 있고 윗부분에는 연한 곱슬털과 선모가 있다.

잎 마주나고 난형으로 길이 1~6cm, 너비 8~30mm이며 끝이 뾰족하고 밑은 심장형으로 줄기를 싸나 밑부분의 것은 소형으로 긴 엽병이 있다.

꽃 5~6월에 백색으로 피며 가지 끝에 잎이 있는 취산화서에 달리고 잎짬에 1개씩 난다. 소화경은 5~15mm이고 꽃이 진 뒤에 밑으로 굽는다. 꽃잎과 꽃받침 조각 각 5개, 수술은 10개, 암술대는 5개이다.

열매 삭과로 난형이며 5개로 갈라지고 다시 끝이 2개로 갈라진다. 종자는 난원형이고 길이 0.8mm 정도, 유두상 돌기가 있다.

▼ 생육 초기

▼ 생육 중기

참고

유사종인 별꽃과 달리 암술대가 5개이다.

별꽃

Stellaria media (L.) Vill.

생활형

동계일년생

분포

전국

형태

줄기 높이 10~20cm로 밑에서 많은 가지를 내고 땅에 닿으며 한쪽에 한 줄로 털이 난다.

잎 마주나고 난형으로 엽병이 밑에는 있으나 윗부분의 것은 없다. 길이 1~2cm, 너비 8~15mm이며 끝은 뾰족하고 밑은 둥글다.

꽃 5~6월에 백색으로 피며 줄기와 가지 끝에 취산화서로 나며 포는 작고 잎 같다. 소화경은 7~40mm로서 1줄의 털이 있고 꽃이 진 뒤에는 처지며 열매가 익으면 다시 위를 향한다. 꽃잎은 끝이 2개로 깊게 갈라지고 꽃받침보다 조금 짧다. 수술은 1~7개, 암술대는 3개이다.

열매 삭과로 난형이며 6열 한다. 종자는 원형으로 지름 1~1.2mm, 겉에 유두상 돌기가 있다.

▼ 개화기

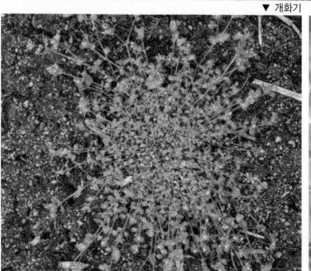

참고

유사종인 쇠별꽃과 달리 암술대가 3개이다.

열매

▼ 생육 중기

닭의덩굴

Fallopia dumetorum (L.) Holub

생활형

하계일년생

분포

형태

줄기 길이 70~180㎝이다. 덩굴성으로 길게 벋어 다른 물체를 감고 자라며 가지가 많고 종선과 미세한 돌기가 있다.

잎 어긋나고 엽병은 길며 초상탁엽은 짧고 연모가 없다. 화살모양의 난형으로 길이 3~7㎝, 너비 1.5~4㎝이며 끝은 뾰족하고 밑은 심장형이며 양쪽 열편의 끝은 둔하거나 뾰족하고 양면의 맥과 가장자리에 미세한 돌기가 있다.

꽃 6~9월에 홍색으로 피고 잎짬에 모여 나며 가지 끝의 잎이 작고 마디 사이가 짧아져서 총상으로 된다. 숙존성 화피편은 등쪽에 날개가 발달하고 하부는 소화경으로 흐른다.

열매 수과로 세모지며 길이 2.7㎜ 정도, 흑색이고 약간 광택이 있다.

참고

외래종이다. 유사종인 나도닭의덩굴과 달리 열매에 3개의 날개가 있다.

여뀌

Persicaria hydropiper (L.)
Delarbre

생활형

하계일년생

분포

전국

형태

줄기 높이 40~60cm로 곧추 서며, 가지가 많이 갈라지고 홍갈색을 띠며 전체에 거의 털이 없다.

잎 어긋나고 엽병은 짧고 마디부분이 볼록하다. 피침형으로 길이 3~12cm, 너비 1~3cm이고 양끝은 좁아지며 녹색이고 양면에 선점이 있으며 초상 탁엽은 통모양으로 가장자리에 연모가 있다.

꽃 6~9월에 엷은 홍색으로 5~10cm의 수상화서에 드문드문 달리고 화피에 선점이 많고 4~5개로 갈라진다.

열매 수과로 편평한 난형이고 길이 2~3mm, 흑색이며 꽃받침에 싸여 있다.

▼ 탁엽

▼ 호

참고

유사종인 바보여뀌와 달리 매운 맛이 난다.

흰꽃여뀌

Persicaria japonica
(Meisn.) H.Gross ex Nakai

생활형

다년생

분포

전국

형태

줄기 높이 50〜100㎝로 곧추 서며 밑부분에서 분지한다. 털이 없고 마르면 적갈색을 띤다.

잎 어긋나고 엽병은 짧다. 피침형으로 길이 7〜12㎝, 너비 1〜2㎝이며 끝은 뾰족하고 밑은 쐐기모양이며 다소 두껍고 양면에 짧은 털이 있다. 초상 탁엽은 맥이 있고 끝은 거의 수평으로 8〜15㎜의 부드러운 털이 있다.

꽃 7〜9월에 백색 또는 녹백색으로 피며 길이 7〜12㎝, 수상화서는 길고 밑으로 처진다. 화피는 5개로 갈라지고하고 선점이 있으며 암술대는 2〜3개이다.

열매 수과로 길이 2〜2.5㎜, 타원상 난형으로 흑색이고 광택이 있다.

▼ 탁엽　　　▼ 화서　　　▼ 꽃

흰여뀌

Persicaria lapathifolia (L.)
Delarbre

생활형

하계일년생

분포

전국

형태

줄기 높이 30~120cm로 곧추 서
며 분지하고 털이 없다.

잎 마주나고 탁엽보다 짧은 엽
병이 있다. 피침형 또는 난상
피침형으로 길이 5~20cm, 너비
0.8~3.5cm이며 끝은 뾰족하고
밑은 쐐기모양이며 가장자리나
양면 중앙맥에 잔털이 있고 초
상 탁엽은 짧은 연모가 있으며
마디는 굵다.

꽃 5~9월에 백색 또는 연한 홍
색으로 피며 수상화서에 밀착한
다. 화병에 선모가 드문드문 있
으며 화피는 4~5개로 갈라지
고, 수술은 5~6개, 암술대는 2
개이다.

열매 수과로 길이 2~3mm, 편평
한 원형이고 광택이 있다.

탁엽

솜흰여뀌

Persicaria lapathifolia var.
salicifolia Miyabe

생활형

하계일년생

분포

전국

형태

줄기 높이 30~60cm로 곧추 서
며 털이 없고 가지가 갈라진다.

잎 엽병은 탁엽보다 짧고 피침
형 또는 난상 피침형이고 양끝
이 좁으며 길이 5~12cm, 너비
0.8~3.5cm로서 가장자리와 표
면에 잔털이 있고 뒷면에 백색
면모가 있다. 잎집의 탁엽은 털
이 거의 없거나 짧은 연모가 있
으며 마디가 굵다.

꽃 5~9월에 피고 백색 또는 연
한 홍색이며 이삭꽃차례는 길
이 1~4cm로서 곧추 서지만 다
소 굽는 것도 있고 화피는 길
이 2.5~3.5mm로서 4~5개로 갈
라지며 맥이 뚜렷하고 끝이 2개
로 갈라져서 젖혀진다. 수술은
5~6개로서 화피보다 다소 짧으
며 암술대는 2개이다.

열매 수과이며 편평한 원형으로
광택이 있고 지름 2~3mm로 흑
갈색이다.

▼ 유식물

개여뀌

Persicaria longiseta
(Bruijn) Kitag.

생활형

하계일년생

분포

전국

형태

줄기 높이 20~50cm로 곧추 서며 적자색을 띠고 가지가 많으며 밑부분은 땅에 닿고 마디에서 뿌리를 내린다.

잎 어긋나고 엽병은 짧다. 넓은 피침형 또는 피침형으로 길이 4~8cm, 너비 1~2.5cm이며 끝은 뾰족하고 밑은 쐐기모양이며 양면에 털이 있다. 초상 탁엽에는 같은 길이의 연모가 있다.

꽃 6~9월에 적색 또는 드물게 백색으로 피며 수상으로 밀착한다. 화피는 5개로 깊게 갈라지고, 수술은 8개, 암술대는 3개이다.

열매 수과로 세모지이고 길이 2mm정도이며 흑색이고 광택이 있다.

▼ 유식물

▼ 생육

▼ 생육 중기

74

산여뀌

Persicaria nepalensis
(Meisn.) H.Gross

생활형

하계일년생

분포

전국

형태

줄기 높이 10∼35㎝로 밑부분은 옆으로 기다 곧추 서며 흔히 붉은빛이 돈다.

잎 어긋나고 엽병은 밑부분이 줄기를 감싸고 위로 갈수록 짧아진다. 난상 삼각형으로 길이 1.5∼5㎝, 너비 1∼3㎝이며 끝은 뾰족하고 밑은 엽병으로 흘러 날개가 되며 뒷면에 털이 드문드문 나고 선점이 있으며 초상 탁엽은 한쪽이 터졌고 아랫부분만 아래로 향한 털이 있다.

꽃 8∼9월에 백색으로 피고 간혹 붉은빛을 띠며 잎짬이나 줄기 끝에 두상으로 모여 나고 밑부분에 잎 같은 포가 있다. 화피는 통모양으로 4개로 갈라지고, 수술은 6∼7개, 암술대는 2열한다.

열매 수과로 길이 1.5㎜정도, 넓은 난형이고 흑갈색이며 볼록한 작은 돌기가 많이 있다.

▼ 생육 초기

▼ 화서

▼ 꽃

큰개여뀌

Persicaria nodosa (Pers.)
Opiz

생활형

하계일년생

분포

전국

형태

줄기 장대하여 120㎝에 달하고 마디가 퉁퉁하며 가지가 갈라지고 붉은빛이 돌며 흑자색 점이 있다.

잎 어긋나고 엽병은 짧으며 타원상 피침형 또는 피침형으로 길이 7~20㎝, 너비 1.5~5㎝이다. 끝은 길게 뾰족하고 밑은 쐐기모양다. 초상탁엽은 통모양으로 붉고 굵은 맥이 있으며 연모는 없거나 짧은 것이 있다.

꽃 7~9월에 홍자색 또는 백색으로 피며 가지 끝에 나는 수상화서에 밀착하며 화서는 길고 끝이 드리운다.

열매 수과로 편평한 원형이며 광택이 있다.

털여뀌

Persicaria orientalis (L.) Spach

생활형

하계일년생

분포

전국

형태

줄기 높이 100~200㎝로 곧추 서고, 가지를 많이 치며 장대하며 전체에 털이 밀생한다.

잎 어긋나고 엽병이 길며 넓은 난형으로 길이 10~20㎝, 너비 7~15㎝이다. 끝은 뾰족하고 밑은 원형 또는 심장형이다. 초상 탁엽은 통모양으로 길이 7~30㎝이고 하부의 것은 가장자리가 녹색이다.

꽃 7~8월에 적색으로 피며 길이 5~12㎝의 늘어진 수상화서에 밀착한다. 화피는 5개로 갈라지고, 수술은 8개, 암술대는 2개이다.

열매 수과로 편평한 원형이고 길이 3㎜정도, 흑갈색이다.

▼ 생육 초기

▼ 화시

▼ 탁엽

며느리배꼽

Persicaria perfoliata (L.) H. Gross

생활형

하계일년생

분포

전국

형태

줄기 길이 100~200cm의 덩굴성 식물로 가지를 치며 엽병, 잎 뒤와 엽맥 위에 밑으로 향한 가시가 있어 다른 식물체에 잘 붙어 올라간다.

잎 어긋나고 긴 엽병이 엽신 중부 이하에 방패모양으로 붙는다. 삼각형으로 길이 3~6cm이며 끝은 둔하고 밑은 수평 또는 얕은 심장형이며 가장자리는 물결모양이고 표면은 녹색, 뒷면은 흰빛이 돌며 탁엽은 끝이 열려 퍼진다.

꽃 7~9월에 옅은 녹백색으로 피며 가지 끝의 수상화서에 달리고 밑부분에 접시같이 생긴 엽상포가 받치고 있다. 화피는 5개, 수술은 8개, 암술대는 3개이다.

열매 수과로 구형이며 길이와 지름이 3mm정도, 흑색으로 광택이 있다.

▼ 생육 초기

참고

유사종인 며느리밑씻개와 달리 탁엽이 줄기를 완전히 감싸며, 잎자루가 잎 기부의 약간 안쪽에 방패모양으로 붙는다. 화서의 기부에 잎 모양의 포가 있다.

장대여뀌

Persicaria posumbu var. *laxiflora* (Meisn.) H. Hara

생활형

하계일년생

분포

전국

형태

줄기 높이 35~60cm이고 밑부분은 땅에 닿아 마디에서 뿌리를 내고 가지가 많으며 털이 없다.

잎 엽병은 짧고 난형 또는 난상 피침형으로 길이 3~8cm, 너비 1.5~3cm이고 끝은 고리모양으로 길어지며 밑은 쐐기모양이다. 양면에 털이 드문드문 나며 종종 뒷면에 흑색 반점이 있다. 초상탁엽은 통모양으로 같은 길이의 연모가 있다.

꽃 6~10월에 길이 3~10cm로 연한 홍색을 띠며 선형인 화서에 드문드문 달린다.

열매 수과로 삼릉형이며 길이 2mm정도, 흑색이고 광택이 있다.

참고

개여뀌와 유사하나 잎 선단부가 꼬리모양으로 길며 끝이 뾰족하고, 화서에 꽃이 드문드문 달린다. 다소 습하고 그늘진 곳에서 자란다.

바보여뀌

Persicaria pubescens
(Blume) H. Hara

생활형

하계일년생

분포

형태

줄기 높이 40~80cm로 곧추 서
며 가지가 많고 털이 있다.

잎 어긋나고 엽병은 짧고 장타
원상 피침형으로 길이 5~10cm,
너비 1~2.5cm이다. 양끝이 좁고
양면에 짧은 털이 있으며 뒷면
에 선점이 있고 마르면 원줄기
와 더불어 적갈색이 돈다. 초상
탁엽은 막질이고 누운 털이 있
으며 3~8mm의 연모가 있다.

꽃 8~9월에 피며 화피는 녹색
으로 상부가 홍색이고 수상화서
에 드문드문 난다. 화피는 5개
로 깊게 갈라지고, 수술은 7~8
개, 암술대는 3개이다.

열매 수과로 길이 2mm정도, 삼
릉형이고 흑색이다.

참고

여뀌와 유사하나 줄기에 털이
있으며, 매운맛이 없다.

▼ 생육 초기

미꾸리낚시

Persicaria sagittata (L.) H.Gross

생활형

하계일년생

분포

전국

형태

줄기 높이 20~100cm로 밑부분이 옆으로 벋으며 뿌리를 내리고 가지를 치며 능각이 있고 엽병, 잎 뒤 맥 위와 더불어 밑으로 향한 잔가시가 있어 잘 달라 붙는다.

잎 어긋나고 피침형으로 길이 4~8cm, 너비 1.5~3cm이며 끝은 뾰족하고 밑의 열편은 평행하며 분백이다. 초상탁엽은 막질로 끝이 비스듬하다.

꽃 5~10월에 엷은 홍색으로 피며 가지 끝에 두상으로 모여 난다. 화피는 5개로 깊게 갈라지고, 수술은 8개, 암술대는 3개이다.

열매 수과로 화피에 싸여 있고 지름 2mm정도, 삼각형이며 흑색이다.

며느리밑씻개

Persicaria senticosa
(Meisn.) H.Gross ex Nakai

생활형

하계일년생

분포

전국

형태

줄기 높이 100~200cm이며 가지가 많고 아래로 향한 가시가 있다.

잎 어긋나고 엽병이 길다. 엽병과 잎뒤 맥위에 밑으로 향한 가시가 있다. 삼각형으로 길이와 너비가 4~8cm이며 끝은 뾰족하고 밑은 심장형이며 옅은 홍색을 띠는 녹색이다. 초상탁엽은 짧고 가장자리는 녹색이며 너비 1cm 이하이다.

꽃 7~8월에 옅은 홍색으로 피고 두상으로 몇 개씩 화서 끝에 모여 난다. 화피는 5개로 깊게 갈라지고, 수술은 8개, 암술대는 3개이다.

열매 수과로 지름 3mm정도이고 볼록한 삼릉형이며 흑색이다.

▼ 생육 초기

▼ 줄기와

▼ 화서

▼

고마리

Persicaria thunbergii
(Siebold & Zucc.) H.Gross

생활형

하계일년생

분포

전국

형태

줄기 높이 30~70㎝로 곧추 서고 밑부분은 땅을 기며 마디에서 뿌리를 내리고 상부는 능선에 역자가 드문드문 있다.

잎 어긋나고 엽병은 위로 갈수록 짧아진다. 창검 같은 모양으로 길이 4~7㎝, 너비 3~7㎝이며 중앙열편은 난형으로 엽두가 뾰족하고 측렬편은 옆으로 퍼지며 밑은 심장형이고 초상탁엽은 짧고 가장자리에는 털이 있으며 때로 넓어지나 톱니는 없다.

꽃 8~9월에 피고 가지 끝에 두상으로 달리며 화피는 홍자색으로 하부는 백색이고 5개로 깊게 갈라진다.

열매 수과로 길이 3㎜정도이며 삼릉형이고 짙은 갈색이다.

▼ 유식물

▼ 생육 초기

▼ 화서

▼ 흰꽃

▼ 꽃

기생여뀌

Persicaria viscosa (Buch.-
Ham. ex D.Don) H.Gross
ex Nakai

생활형

하계일년생

분포

전국

형태

줄기 높이 40~120cm이고 가지
를 많이 치고 향기가 나며 전체
에 갈색 장모가 있고 붉은빛이
돌며 가지 끝에 대가 있는 선모
가 밀생한다.

잎 어긋나고 난상 피침형으로
길이 7~16cm, 너비 1.5~4cm이며
끝은 뾰족하고 밑은 쐐기모양이
며 양면에 선점이 있다. 초상탁
엽은 통모양으로 긴털이 있다.

꽃 6~9월에 홍자색으로 피며
가지 끝과 잎짬에서 길이 3~5
cm의 수상화서가 달린다. 화피
는 5개로 갈라지고, 수술은 8개,
암술대는 3개이다.

열매 수과로 길이 2.5~3mm, 세
모진 난상원형으로 흑갈색이며
광택을 있다.

참고

화경에 자루가 있는 선모가 있
고 향기가 나는 점이 특징이다.

▼ 화서　　　　　　　　▼ 탁엽과 줄기의

봄여뀌

Persicaria vulgaris Webb & Moq.

생활형
하계일년생

분포
전국

형태
줄기 높이 20~60㎝로 곧추 서고 가지를 치며 연모가 있고 홍자색을 띤다.

잎 어긋나고 엽병은 짧다. 장타원상 피침형으로 길이 6~12㎝, 너비 1~3㎝이며 양면에 털이 있고 흔히 중앙부에 흑색 반점이 있으며 초상탁엽은 통모양으로 연모가 있다.

꽃 5~10월에 엷은 홍자색으로 피고 수상화서에 밀착한다. 화경에 선모가 있고 화피는 5개로 갈라진다.

열매 수과로 길이 2㎜정도, 렌즈모양 또는 삼릉형이고 흑색이며 광택이 있다.

▼ 생육 초기

▼ 생육 중기

마디풀

Polygonum aviculare L.

생활형

하계일년생

분포

전국

형태

줄기 높이 10~40cm이고 밑부분에서 갈라지고 비스듬히 서며 세로로 많은 줄이 있다.

잎 어긋나고 엽병 사이에 마디가 있고 마르면 녹색이다. 선상 장타원형으로 길이 1.5~4cm, 너비 3~12mm이며 끝은 둔하고 밑은 쐐기모양이며 초상탁엽은 막질이고 2개로 크게 갈라지며 다시 잘게 갈라지고 가는 맥이 있다.

꽃 5~10월에 붉은빛이 도는 백색으로 피며 양성으로 잎짬에 수개씩 난다. 화피는 5개로 갈라지고, 수술은 6~8개, 암술대는 3개이다.

열매 수과로 삼릉형이고 화피보다 짧으며 잔점이 있고 광택이 없다.

▼ 유식물

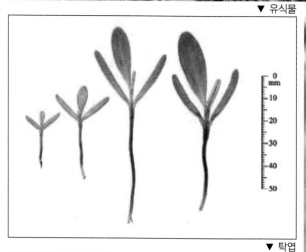

▼ 탁엽

수영

Rumex acetosa L.

생활형

다년생

분포

전국

형태

줄기 높이 30~80㎝로 곧추 서며 원주형이고 세로로 줄이 있으며 홍자색을 띠고 잎과 더불어 신맛이 있으며 지하경은 짧고 굵다.

잎 뿌리에서 나는 잎은 총생하고 자루가 길며 장타원형으로 끝은 둔하고 밑은 화살촉모양이다. 줄기에서 나는 잎은 어긋나고 피침상 장타원형으로 밑부분의 것은 짧은 자루가 있으나 위로 갈수록 없어지면서 원줄기를 둘러싼다.

꽃 5~6월에 연한 녹색 또는 녹자색으로 피고, 자웅이가로 줄기 끝 원추화서에 윤생한다.

열매 수과로 길이 2㎜정도, 세모진 타원형이며 흑갈색으로 광택이 있다.

▼ 생육 중기

▼ 화서와 열매

▼ 경생엽과 탁엽

애기수영

Rumex acetosella L.

생활형

다년생

분포

전국

형태

줄기 높이 20~50cm이고 근경이 벋으면서 번식하며 원줄기 곧추 서고 세로로 능선이 있으며 적자색이 돌고 잎과 더불어 신맛이 있다.

잎 뿌리에서 나는 잎은 총생하고 자루가 길며 창검 같은 모양으로 길이 3~6cm, 너비 1~2cm이고 끝은 뾰족하며 귀 같은 돌기가 좌우로 퍼진다. 줄기에서 나는 잎은 어긋나고 피침형 또는 장타원형으로 기부는 창검 같다.

꽃 5~6월에 홍록색으로 피고 자웅이가로 줄기 끝 원추화서에 윤생한다.

열매 수과로 타원형이며 세 개의 능선이 있고 갈색이다.

▼ 유

▼ 생육

참고

외래종이다.

▼ 유식물

▼ 생육 중기

소리쟁이

Rumex crispus L.

생활형

다년생

분포

전국

형태

줄기 높이 30~80cm로 곧추 서고 세로로 줄이 많으며 종종 자색을 띤다.

잎 뿌리에서 나는 잎의 엽병은 길고 장타원형으로 길이 10~25cm, 너비 4~10cm이며 끝은 둔하고 밑은 둥글거나 또는 쐐기모양이며 가장자리는 물결모양이다. 줄기에서 나는 잎은 어긋나고 위로 갈수록 작아진다.

꽃 5~7월에 연한 녹색으로 피며 양성으로 가지 끝의 원추화서에 윤생한다.

열매 수과로 길이 5mm정도, 넓은 난상 삼릉형이고 갈색이며 광택이 있다.

참고

외래종이다. 뿌리에서 나오는 잎의 기부가 심장형이 아니고 화피의 가장자리는 거의 톱니가 없다.

참소리쟁이

Rumex japonicus Houtt.

생활형

다년생

분포

전국

형태

줄기 높이 40~100㎝로 곧추 서며 세로로 선이 많고 녹색이다.

잎 아래쪽에 몰리고 뿌리에서 나는 잎은 자루가 길며 장타원형으로 길이 10~25㎝, 너비 4~10㎝이고 끝은 둔하며 밑은 심장형이고 가장자리는 파도모양이다. 줄기에서 나는 잎은 어긋나고 위로 갈수록 작아진다.

꽃 5~7월에 연한 녹색으로 피고 양성으로 가지 끝의 원추화서에 윤생한다. 화피의 내편은 심장형이고 다소 분명한 톱니가 있다.

열매 수과로 길이 2.5㎜정도, 넓은 난상 삼릉형이고 갈색이며 광택이 있다.

▼ 유

▼ 열매(왼쪽부터 돌소리쟁이, 좀소리쟁이, 참소리쟁이, 소리쟁

참고

뿌리에서 나오는 잎의 기부는 심장형이고 열매를 싸는 화피편은 얕은 톱니가 있다.

금소리쟁이

Rumex maritimus L.

생활형

다년생

분포

전국

형태

줄기 높이 30~60㎝이고 상부에서 가지가 많이 갈라진다.

잎 줄기 밑부분의 것은 엽병이 있고 피침형으로 길이 7~15㎝, 너비 1~3.5㎝이며 양끝이 좁다.

꽃 7~8월에 연한 녹색으로 빽빽이 모여 구상으로 윤생하고 화서에 잎이 있으며 열매가 달릴 때의 화피는 황갈색이다.

열매 수과로 길이 1.2㎜정도, 장타원형이고 황갈색이며 예리하게 세모지고 광택이 있다.

좀소리쟁이

Rumex nipponicus Franch. & Sav.

생활형

다년생

분포

경기, 전남북, 경남북

형태

줄기 높이는 30~60cm이며 많은 가지를 친다.

잎 아래쪽의 잎은 장타원상 피침형으로 끝은 뭉툭하고 기부는 둥글며 길이 6~11cm, 너비 1~2cm이고 잎 가장자리는 파상으로 주름져 있다.

꽃 5~8월에 피며 잎겨드랑이에 녹색의 꽃이 돌려나기를 하고 화륜은 열매일 때 길이 4~5mm, 폭 2~3mm이며 가장자리에 길이 2mm정도의 침상 돌기가 3~4쌍 있다.

열매 수과로 장타원형이며 세모진 황갈색이다.

참고

외래종이다.

▼ 유식물

▼ 생육 초기

▼ 생육 초기

돌소리쟁이

Rumex obtusifolius L.

생활형

다년생

분포

전국

형태

줄기 높이 60~120cm로 곧추 서고 위쪽에서 가지를 친다.

잎 어긋나고 줄기에서 나는 잎은 잎자루가 짧고 피침형으로 길이 5~15cm이다. 잎 가장자리는 주름이 지며 뒷면 맥 위에는 원주상의 돌기모가 있다.

꽃 6~10월에 담녹색으로 피며, 계단상으로 돌려나기해서 총상화서를 만든다. 내화피는 좁은 난형으로 길이 3.5~5mm, 가장자리에 여러 개의 가시 모양 톱니가 있고 3개의 돌기 중 1개가 현저하게 부풀어 있다.

열매 수과로서 세모꼴이며 길이 2.5mm정도, 암적색이다.

참고

외래종이다.

93

좀고추나물

Hypericum laxum (Blume)
Koidz.

생활형

다년생

분포

전국

형태

줄기 높이 5~30cm이며 4개의 능선이 있고 종종 위쪽에서 많이 갈라진다.

잎 마주나고 타원형 또는 난형으로 길이 5~10mm, 너비 3~8mm이며 끝은 둥글고 기부는 반쯤 줄기를 싸며 꽃 아래의 포엽은 난상 타원형이다.

꽃 7~8월에 황색으로 피며 가지 끝에 취산화서로 달리고 꽃의 지름은 5~7mm이다. 꽃받침 조각은 긴 타원형으로 끝이 둔하며 길이 3~4mm이고 꽃잎은 긴 타원형으로 3맥이 있으며 선점이 없다. 수술은 8~10개이다.

열매 삭과로 난형이다.

▼ 화서

수까치깨

Corchoropsis tomentosa
(Thunb.) Makino

생활형
하계일년생

분포
전국

형태
줄기 높이 60cm 내외이고 줄기 전체에 잔털이 많다.

잎 어긋나고 엽병은 0.5~5cm이다. 난형으로 길이 4~8cm, 너비 2~4.5cm이며 끝은 뾰족하고 밑은 둥글거나 다소 심장형이며 가장자리에 둔한 톱니가 있고 양면에 성모가 있다.

꽃 8~9월에 황색으로 피고 잎짬에서 길이 1.5~3cm의 화경이 나와 1개씩 달리며 소포는 선형이고 다소 윤상으로 곧추 서며 소화경과 더불어 성모가 있다. 꽃받침조각은 5개이며 선상 피침형이고 꽃잎은 5개로 도란형이며 수술은 10개, 헛수술은 5개이다.

열매 삭과로 길이 3~4cm이고 다소 굽으며 성모로 덮여 있고 3실이며 3개로 갈라진다. 종자는 장란형이다.

▼ 화서

▼ 꽃

▼ 열매

참고
유사종인 까치깨에 비해 줄기에 수평으로 퍼지는 긴 털이 없고 열매에 별모양의 털이 있다.

고슴도치풀

Triumfetta japonica
Makino

생활형

하계일년생

분포

전국

형태

줄기 높이 60～130cm이고 전체에 단모 또는 2개로 갈라진 털이 있다.

잎 어긋나고 엽병은 1～4cm이다. 난형 또는 장타원형으로 길이 4～13cm, 너비 1.5～6cm이며 끝은 뾰족하고 밑은 둥글거나 다소 심장형이며 가장자리에 톱니가 있고 양면 특히 맥 위에 굳은 털이 있고 탁엽은 선형으로 젖혀진다.

꽃 8～9월에 황색으로 피고 잎짬에 취산화서로 빽빽이 나며 꽃받침조각은 5개로 끝에 강모가 있고 꽃잎은 5개, 수술은 10개이다.

열매 삭과로 구형이며 갈고리모양의 털이 밀생하여 잘 붙는다.

▼ 꽃

▼

어저귀

Abutilon theophrasti
Medicus

생활형

하계일년생

분포

전국

형태

줄기 높이 50~150cm이며 줄기 전체에 연모가 빽빽이 덮여 폭신하다.

잎 어긋나고 엽병은 길다. 둥근 심장형으로 길이와 너비가 각각 5~12cm이며 밑은 심장형이고 끝은 갑자기 뾰족해지며 가장자리에 둔한 톱니가 있고 장상으로 7~9맥이 발달한다.

꽃 황색으로 7~8월에 피고 줄기 끝이나 위쪽 잎짬에 소화경이 나와 1개씩 달리며 꽃받침조각과 꽃잎은 각각 5개이고 단체웅예가 있다.

열매 분과이고 심피가 윤상으로 배열하여 중축에서 분리하며 분과의 뾰족한 끝은 밖으로 젖혀지고 흑색으로 익는다. 종자는 겉에 털이 있다.

▼ 생육 초기

▼ 유식물

▼ 생육 중기

▼ 꽃

▼ 열매

참고

외래종이다.

수박풀

Hibiscus trionum L.

생활형

하계일년생

분포

전국

형태

줄기 높이 30~60cm이고 백색 털이 있다.

잎 어긋나고 엽병이 있다. 하부의 것은 난상 원형으로 갈라지지 않고 중앙부의 것은 5개로 얕게 갈라지며 상부의 것은 거의 3전열하고 열편은 다시 우상의 결각이 있으며 중앙열편이 길이 3~10cm로 가장 크다. 좁은 난형 또는 넓은 피침형으로 끝은 둔하며 가장자리에 톱니가 있다.

꽃 7~8월에 연한 황색으로 피고 잎짬에서 소화경이 나와 1개씩 달리며 아침에 피었다 오전 중에 지고 꽃 밑의 소포는 11개로 선형이며 연모가 있다. 꽃받침조각, 꽃잎은 각각 5개이고 수술은 단체웅예이며 암술대는 끝이 5개로 갈라진다.

열매 삭과로 장타원형이며 꽃받침 속에 들어 있다.

참고

외래종이다.

▼ 생육 중기

▼ 꽃　　　　▼ 열매

난쟁이아욱

Malva neglecta Wallr.

생활형

동계일년생

분포

전국

형태

줄기 길이 50cm 정도이며 땅 위를 포복하며 털이 산생한다.

잎 어긋나고 지름 2~3.5cm로 원형이다. 가장자리에는 얕게 둥근 톱니형의 열편 5~9개가 있고 기부는 깊게 심장저를 이룬다.

꽃 6~9월에 피며 잎겨드랑이에서 3~6개가 뭉쳐나고 연한 하늘색이며 지름 1.5cm이다. 소포엽은 3개로 선형이다. 꽃받침은 중간까지 갈라지며 열편은 5개이고 꽃잎은 5개로 꽃받침보다 2~3배 길다.

열매 지름 5~6mm로 편평하고 12~15개의 분과로 이루어진다.

▼ 개화기

▼ 꽃

참고

외래종이다.

애기아욱

Malva parviflora L.

생활형

하계일년생

분포

전국

형태

줄기 높이 20~50cm이며 가지를 친다.

잎 어긋나고 길이는 3~6cm로 원형 또는 신장형이며 5~7개의 열편으로 중열이고 잎 가장자리에는 둔한 거치가 있다.

꽃 4~6월에 피고 2~3개가 잎 겨드랑이에 달리며 소포엽은 3개로 좁은 도피침형이다. 꽃받침은 5개로 갈라지고되며 길이 4~5mm, 꽃잎은 5개로 꽃받침보다 조금 길고 끝이 V자형으로 조금 파인다. 수술은 여러 개이며 수술의 기둥은 털이 없다.

열매 10개의 분과로 갈라지며 분과는 망상무늬가 있고 옆면과 등사이의 모서리는 좁은 물결모양의 날개가 있다.

▼ 꽃

▼ 열매

▼ 화서와

참고

외래종이다.

▼ 열매

국화잎아욱

Modiola caroliniana (L.)
G.Don

생활형
동계(하계)일년생

분포
제주

형태
줄기 길이 15~50㎝이고 아랫부분이 포복을 하며 마디에서 뿌리가 나기도 한다.

잎 어긋나고 윤곽이 원형 또는 넓은 난형이며 5~7편으로 중열한다. 열편에 톱니가 있다.

꽃 5~6월에 적등색으로 잎겨드랑이에서 지름 7~10㎜정도로 1개씩 핀다. 꽃자루는 길이 1~2㎝이며 소포엽은 3개로 선형이다. 꽃받침은 끝이 5개로 갈라지며 꽃잎은 5개로 길이 3~5㎜, 도란형이다.

열매 14~22개의 분과로 이루어지며 편평하다. 분과는 콩팥모양이며 길이 4㎜정도, 등쪽으로 까끄라기가 있고 위쪽에 2~3개의 각상 돌기가 있으며 2개의 종자가 들어 있다.

참고
외래종이다.

나도공단풀

Sida rhombifolia L.

생활형

다년생

분포

제주, 경남북, 전남북

형태

줄기 높이 30~70cm이며 목질성 다년초로 전체에 성상모가 있다.

잎 어긋나고 능상 도란형으로 길이 2.5~3.5cm, 표면은 거의 털이 없고 뒷면은 성상모가 밀생하여 회백색을 띤다. 탁엽은 송곳 모양이며 길이 2~4mm이다.

꽃 8~10월에 지름 1.5cm의 황색으로 피는데 잎겨드랑이에 1개씩 달린다. 꽃받침은 종형이고 열편은 삼각형이며 별모양의 털이 밀생한다.

열매 8~14개의 분과로 갈라지는데 각 분과는 1개의 각상 돌기가 있으며 각상 돌기는 후에 2개로 나누어진다.

▼ 잎(좌: 공단풀, 우: 나도공단풀)

참고

외래종이다. 제주도에 많이 발생하고 있다.

▼ 생육 중기

공단풀

Sida spinosa L.

생활형
하계일년생

분포
제주, 경남, 전남북

형태
줄기 높이 30~60cm이며 전체에 별모양의 털이 있다.

잎 어긋나고 잎자루 기부에 끝이 뭉툭한 작은 가시 모양의 괴경이 있다. 잎새는 장타원형으로 길이 2.5~6cm, 잎 가장자리 전체에 뭉툭한 톱니가 있다. 탁엽은 송곳형으로 길이 2~5mm이다.

꽃 8~9월에 황색으로 피며 지름 1.2cm, 잎겨드랑이에서 1~3개가 뭉쳐난다. 꽃받침 열편은 삼각형, 끝이 예첨두이다. 꽃잎은 5개이고 도란형으로 끝이 둥글다.

열매 5개의 분과로 나누어지며 분과는 길이 3.5~4.5mm이고 2개의 뿔모양의 돌기가 있다.

참고
외래종이다. 제주도에 많이 발생하고 있다.

103

제비꽃

Viola mandshurica
W.Becker

생활형

다년생

분포

전국

형태

줄기 근경은 짧고 뿌리는 몇 개로 갈라지며 감색이다.

잎 뿌리에서 총생하고 엽병은 길이 3~15cm로 윗부분에 날개가 있다. 피침형으로 길이 3~8cm, 너비 1~2.5cm이며 끝은 둔하고 밑은 일자모양 또는 약간 쐐기모양이며 가장자리에 얕고 둔한 톱니가 있으며 털은 거의 없다. 꽃이 핀 다음 자라서 난상 삼각형으로 된다.

꽃 4~5월에 짙은 자주색으로 피고 잎 사이에서 5~20cm의 화경이 나와 1개씩 달리며 중앙부에 포가 있다. 꽃 좌우상칭이고 5수성이며 꽃받침의 부속체는 반원형이고 측판에 털이 있고 순판에 자색 줄이 있으며 거는 5~7mm이다.

열매 삭과로 넓은 타원형이다.

▼ 꽃

참고

유사종인 호제비꽃에 비해 엽병 위쪽에 날개가 있으며 털이 거의 없다.

▼ 꽃

흰제비꽃

Viola patrinii Ging.

생활형
다년생

분포
전국

형태
줄기 근경은 짧고 뿌리는 흑갈색이며 털은 없거나 엽맥과 엽병 밑부분에 짧게 퍼진 털이 있다.

잎 뿌리에서 총생하고 엽병은 4~12cm로 좁은 날개가 있다. 피침형 또는 장타원상 피침형으로 길이 2.5~8cm, 너비 1~2cm이며 끝은 둔하거나 뾰족하고 밑은 수평에 가까우며 가장자리에 희미한 톱니가 있다.

꽃 4~5월에 백색 또는 자주빛이 돌게 피고 잎 사이에서 7~15cm의 화경이 나와 1개씩 달리며 중앙부에 포가 있다. 꽃은 좌우상칭이고 5수성이며 꽃받침의 부속체는 톱니가 약간 있고 측판에 털이 있으며 순판에 자주색 줄이 있고 거는 길이 3~4mm이다.

열매 삭과로 난상 타원형이다.

콩제비꽃

Viola verecunda A.Gray

생활형

다년생

분포

전국

형태

줄기 높이 5~20cm로 총생하고 비스듬히 누워 올라간다.

잎 엽병은 잎의 2~4배 길고 신장상 난형으로 길이 1.5~2.5cm, 너비 2~3.5cm이며 끝은 둔하거나 둥글고 밑은 심장형이며 둔한 톱니가 있다. 줄기에서 나는 잎은 어긋나고 엽병이 짧으며 탁엽은 피침형으로 밋밋하거나 얕은 톱니가 약간 있다.

꽃 4~5월에 백색으로 피고 줄기의 잎짬에서 긴 화경이 나와 1개씩 달리며 위쪽에 포가 있다. 꽃 좌우상칭이고 5수성이며 부속체는 끝이 둥글고 밋밋하며 측판에 털이 있고 순판에 자색 줄이 있으며 거는 길이 2~3mm이다.

열매 삭과로 장란형이다.

▼ 잎과 탁엽　　　　　　　　　▼ 꽃(김

▼ 꽃(측

▼ 꽃

서울제비꽃

Viola seoulensis Nakai

생활형

다년생

분포

전국

형태

줄기 원줄기는 없고 뿌리는 굵고 여러 개로 갈라진다.

잎 뿌리에서 총생하고 처음에는 안으로 말리며 장타원형 또는 난형으로 길이 1.3~2.7cm, 폭 9~13mm이다. 잎 끝은 예두이고 밑부분은 심장모양이며 가장자리에 톱니가 있다. 엽병은 길이 3~8cm이고 좁은 날개가 있으며 털이 있다.

꽃 4~5월에 홍자색으로 피고 잎짬에서 5.5~8.5cm의 잎보다 긴 화경이 나와 1개씩 달린다. 작은 잎 모양의 소포는 꽃자루 중간 윗부분에 달린다. 꽃은 좌우상칭이고 5수성이다. 꽃잎은 길이 10~12mm로 측판 안쪽에 털이 있고 거는 6~7mm이다.

열매 삭과로 난상 타원형이다.

돌외

Gynostemma pentaphyllum
(Thunb.) Makino

생활형

다년생

분포

제주, 전남, 경남, 경북(울릉도)

형태

줄기 마디에 백색 털이 있으며 덩굴성으로 근경은 옆으로 벋고 이리저리 엉켜서 자라나 덩굴손으로 기어 올라가기도 한다.

잎 어긋나고 새발모양의 복엽이며 소엽은 5~7개이고 난상 피침형이며 정소엽은 소엽병과 더불어 길이 4~8cm, 너비 2~3cm이고 끝은 뾰족하며 가장자리에 톱니가 있고 양면에 다세포의 백색 털이 있다.

꽃 이가화이고 8~9월에 황록색으로 피며 길이 8~15cm의 원추 또는 총상 원추화서로 달린다. 꽃받침조각은 극히 작고 화관은 5개로 갈라지며 열편은 피침형으로 끝이 길게 뾰족해진다.

열매 장과로 구형이며 흑록색으로 익고 상반부에 가로로 난 한 개의 선이 있다.

새박

Melothria japonica
(Thunb.) Maxim.

생활형
하계일년생

분포
제주, 전남

형태
줄기 아주 가늘고 잎과 대생하는 덩굴손으로 감아 올라간다.

잎 어긋나고 엽병은 길다. 3각상 심장형으로 길이 3~6cm, 너비 4~8cm이며 끝은 뾰족하고 밑은 심장형이며 가장자리에 크고 낮은 톱니가 있으며 3개로 갈라진 듯한 것도 있고 표면은 까칠까칠하며 엷다.

꽃 7~8월에 백색으로 피며 자웅일가이고 지름 6~7mm, 자웅화 모두 잎짬에 1개씩 달리고 가는 화경이 있다. 꽃받침은 끝이 5개로 갈라지고 열편은 선형이며 화관은 5개로 깊이 갈라진다. 수꽃 3개의 수술이 있고 암꽃 1개의 짧은 암술이 있으며 암술머리가 2개로 갈라진다

열매 액질이며 길이 1~2cm이다. 구형이고 녹색이나 익으면 회백색으로 되며 종자는 가장자리가 비후한다.

가시박

Sicyos angulatus L.

생활형

하계일년생

분포

전국

형태

줄기 길이 4~8m에 이르며 3~4개로 갈라진 덩굴손으로 타물을 감으며 기어오른다.

잎 어긋나고 잎자루는 길이 3~12cm, 잎 모양은 거의 원형이며 5~7개로 천열되고 지름은 8~12cm이다.

꽃 6~9월에 피는데 자웅동주이며 수꽃은 황백색으로 총상을 이룬다. 꽃의 지름은 1cm, 길이는 약 10cm 정도이고 긴 꽃자루 끝에 달리며 꽃밥은 융합되어 한 덩어리가 된다. 암꽃은 지름 6mm, 담녹색으로 암술은 1개이며 짧은 꽃자루 끝에 둥글게 달린다.

열매 장타원형으로 자루가 없고 3~10개가 뭉쳐나며 가느다란 가시가 덮여 있다.

참고

외래종이다.

▼ 생육 초기

▼ 수꽃 화서와

▼ 암꽃 화서

노랑하늘타리

Trichosanthes kirilowii var. *japonica* Kita.

생활형

다년생

분포

제주, 전남, 전북, 충남

형태

줄기 덩이뿌리는 비대하고 잎과 대생하는 덩굴손으로 감아 올라 간다.

잎 어긋나고 5각상 둥근 심장형 이며 장상으로 3~5개로 얕게 또는 중렬한다. 길이 6~10㎝, 폭 6~10㎝이고 엽두는 뾰족하 고 엽저는 심장저이다. 어릴 때 는 줄기와 더불어 갈색 연모가 있고 엽병은 길다.

꽃 7~8월에 백색으로 피며 이 가화이다. 수꽃은 총상으로 길 이 10~20㎝으로 달리고 암꽃 은 1개씩 달린다. 포는 길이 1.5~2.5㎝로 큰 톱니가 있다. 꽃 받침조각은 넓은 선형이다. 화 관은 5개로 갈라지며 열편은 잘 게 갈라진다.

열매 난상 구형으로 길이 10㎝ 정도이다. 황색으로 익고 종자 는 연한 흑갈색이다.

참고

유사종인 하늘타리에 비해 잎은 얕게 3~5개로 갈라진다. 열매 는 황색으로 익는다.

장대나물

Arabis glabra Bernh.

생활형

동계일년생

분포

전국

형태

줄기 높이 70~100cm로 전체에 분백색을 띠고 때로 분지하며 하부에만 털이 있고 뿌리는 깊이 땅속으로 들어간다.

잎 뿌리에서 나는 잎은 도피침형으로 길이 5~10cm이다. 줄기에서 나는 잎은 마주나고 피침형 또는 긴 타원형으로 길이 3~9cm이며 기부는 화살모양으로 줄기를 감싸고 위로 갈수록 작아지며 밋밋하다.

꽃 4~6월에 엷은 황백색으로 피고 줄기 끝에 총상으로 달린다. 꽃받침조각은 4개로 선상 긴 타원형, 꽃잎은 4개로 넓은 선형, 수술은 6개중 4개가 길다.

열매 장각과로 길이 4~6cm이며 종자는 날개가 없다.

▼ 꽃과 열매

유럽나도냉이

Barbarea vulgaris R.Br.

생활형

다년생

분포

강원, 경기

형태

줄기 높이 30~80cm이다.

잎 뿌리에서 나는 잎은 총생하고 깃꼴로 전열되며, 줄기에서 나는 잎은 잎자루가 없고 밑부분이 귀 모양으로 줄기를 감싼다.

꽃 6~7월에 피며 황색의 십자화이고 지름은 6~8mm이며 총상화서를 이룬다. 꽃받침은 피침형으로 끝에 뿔 모양의 돌기가 있다. 수술은 4개는 길고 2개는 짧다. 암술은 1개, 암술대의 길이는 2.5mm 정도로 씨방과 거의 같은 길이이다.

열매 길이 2~3cm이다. 비스듬히 위를 향하고 희미하게 네모꼴이 되며 남아 있는 암술대의 길이는 2~3mm이다.

참고

외래종이다.

113

갓

Brassica juncea (L.) Czern.

생활형

동계일년생

분포

전국

형태

줄기 높이 1~1.5m로 위쪽에서 가지를 친다.

잎 뿌리에서 나는 잎은 주걱형으로 다소 깃꼴로 갈라지며, 줄기에서 나는 잎은 장타원형으로 어긋나고 잎 가장자리에 톱니가 있다.

꽃 4~5월에 황색으로 피며 총상화서이다. 꽃받침은 장타원형으로 길이 5~6mm, 3맥이 있다. 꽃잎은 주걱형으로 길이는 8mm 정도이고 요두이다. 수술은 길고 4개이며 암술은 1개이다.

열매 원주상의 긴 각과로 길이 2.5~5cm이다. 씨는 진한 갈색 또는 노란색이며 지름 1.5mm정도로 구형이다.

▼ 생육 초기

▼ 생육

▼ 추대기

▼

참고

외래종이다.

▼ 생육 중기

▼ 화서(좌: 꽃다지, 우: 냉이)

냉이

Capsella bursa-pastoris (L.)
L.W.Medicus

생활형

동계(하계)일년생

분포

전국

형태

줄기 높이 10~50㎝이며 가지를 치고 전체에 털이 있으며 뿌리는 곧고 백색이다.

잎 뿌리에서 나는 잎은 총생하여 땅 위로 퍼지며 길이 10㎝이상이고 우상으로 분열하며 둔한 치아모양의 톱니가 있다. 줄기에서 나는 잎은 어긋나고 위로 갈수록 작아지며 엽병이 없어지고 피침형이며 기부가 귀모양으로 줄기를 감싸고 톱니가 있다.

꽃 4~6월에 백색으로 피고 줄기 끝에 총상으로 달린다. 꽃받침조각은 장타원형으로 길이 1㎜, 꽃잎은 도란형으로 길이 2~2.5㎜, 수술은 6개중 4개가 길고 암술은 1개이다.

열매 각과로 편평한 도삼각형으로 끝이 얇고 넓게 들어가며 길이 0.5㎜정도의 도란형 종자가 20~25개 들어 있다.

▼ 열매(좌: 냉이, 우: 꽃다지)

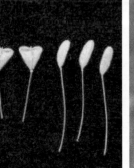

▼ 화서

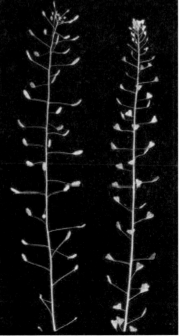

좁쌀냉이

Cardamine fallax L.

생활형

동계일년생

분포

전국

형태

줄기 높이 20㎝에 달하고 곧추 서며 가지치고 전체에 잔털이 있다.

잎 어긋나고 엽병이 있으며 두 대우상으로 전열하고 소엽은 난 형 또는 피침형으로 불규칙한 톱니가 있다.

꽃 4~5월에 백색으로 피고 가 지와 줄기 끝에 총상화서로 달 린다. 꽃받침조각은 4개로 피침 형이고 꽃잎은 4개로 도란형이 며 수술은 6개 중 4개가 길고 암술은 1개이다.

열매 각과로 길이 2㎝정도이며 2편으로 갈라지고 많은 종자가 들어 있다.

참고

유사종인 황새냉이에 비해 줄기 가 직립하며 잎이 소형이고 전 체에 털이 많으며 건조한 곳에 서 자란다.

황새냉이

Cardamine flexuosa With.

생활형

동계일년생

분포

전국

형태

줄기 높이 10~30㎝이며 기부에서 많은 가지가 갈라지고 하반부에 퍼진 털이 있으며 흑자색이 돈다.

잎 어긋나고 엽병이 있으며 우상으로 전열하며 하부의 것은 소엽이 7~17개이고 난형 또는 넓은 난형으로 길이 3~15㎜, 너비 6~15㎜, 3~5개로 갈라지기도 하며 상부의 것은 소엽이 3~11개이고 피침형으로 밋밋하거나 톱니 또는 결각이 약간 있다.

꽃 4~5월에 백색으로 피고 가지와 줄기 끝에 총상화서로 달린다. 꽃받침조각은 4개로 난상 장타원형이며 흑자색이 돈다. 꽃잎은 도란형으로 꽃받침의 2배가 길며 수술은 6개 중 4개가 길다.

열매 각과로 길이 2~3㎝이다.

▼ 생육 중기

▼ 화서와 꽃

미나리냉이

Cardamine leucantha
(Tausch) O.E.Schulz

생활형

다년생

분포

전국

형태

줄기 높이 40~70cm이고 근경은 다소 비후하며 실모양의 지하경을 내고 전체에 부드러운 털이 있다.

잎 어긋나고 엽병 기부에 작은 귀모양의 것이 있거나 없다. 3~7개의 소엽으로 된 우상복엽이며 소엽은 넓은 피침형 또는 난상 장타원형으로 길이 4~10cm, 너비 1~3cm이며 소엽병은 없고 끝이 길게 뾰족하며 가장자리에 불규칙한 톱니가 있다.

꽃 6~7월에 백색으로 피고 가지와 줄기 끝에 총상으로 달린다. 꽃받침조각은 타원형이다. 꽃잎은 4개로 도란형이며 꽃받침보다 2배 이상 길다. 수술은 6개중 4개가 길다.

열매 각과로 2cm정도이다.

열매

▼ 개화기

뿔냉이

Chorispora tenella DC.

생활형

하계일년생

분포

전국

형태

줄기 높이 20~50cm이고 작은 돌기모양의 선모가 줄기 윗부분에 산재한다.

잎 어긋나며 뿌리에서 나는 잎은 장타원형으로 길이 10~15cm이고 줄기의 잎은 넓은 피침형이다.

꽃 4~5월에 피고 홍자색이다. 총상화서는 성기고 꽃이 핀 후 늘어난다. 꽃받침 표면에는 작은 돌기 모양의 선모와 성긴 털이 있다. 꽃잎은 4개로 길이는 8~10mm이고 수술 6개, 암술 1개이다.

열매 길이 3~5cm의 반달 모양으로 휘어지고 8~15개의 구간이 생기는데 각 구간마다 2개의 씨가 있고 열매 끝이 긴 뿔처럼 된다.

참고

외래종이다.

냄새냉이

Coronopus didymus (L.) Sm.

생활형

동계(하계)일년생

분포

제주, 경남, 전남

형태

줄기 높이 10~20cm로 옅은 녹색이며 백색 연모가 있다.

잎 어긋나고 뿌리에서 나는 잎은 선상 장타원형이며 1~2회 우상 복엽으로 옆의 열편이 4~6쌍이다. 줄기에서 나는 잎은 난형으로 우상 복엽이며 옆의 열편은 3쌍 내외이다.

꽃 지름 1mm정도의 십자모양의 백색 꽃으로 5~10월에 피며 뿌리에서 생긴 총상화서와 줄기에서 잎과 마주나는 총상화서가 있다.

열매 1쌍의 공을 붙여놓은 모양이며 그물 모양의 주름이 있다.

▼ 생육 초기

▼ 화서와

참고

외래종이다. 식물 전체에서 강한 냄새가 난다.

▼ 생육 중기

재쑥

Descurainia sophia (L.) Webb ex Prantl

생활형

동계일년생

분포

전국

형태

줄기 높이 30~70cm로 곧추 서고 전체에 부드러운 백색 성상모가 밀생하며 윗부분에서 갈라진다.

잎 마주나고 장타원형으로 길이 3~5cm, 너비 2~2.5mm이며 2회 우상으로 전열하고 열편은 도피침형으로 톱니가 거의 없다.

꽃 5~6월에 황백색으로 피고 가지와 줄기 끝에 총상으로 달리며 소화경은 10~15mm이다. 꽃받침조각은 선상 장타원형이고 꽃잎은 4개로 좁은 주걱모양이며 수술은 6개 중 4개가 길다.

열매 장각과로 좁은 선형이며 길이 1.5~2.5cm이고 종자가 들어 있는 곳이 약간 튀어 올라온다. 종자는 장타원형으로 갈색이며 한줄로 들어있다.

꽃다지

Draba nemorosa L.

생활형

동계일년생

분포

전국

형태

줄기 높이 15~30cm이고 기부에서부터 분지하며 백모와 성상모가 섞여 난다.

잎 뿌리에서 나는 잎은 총생하여 퍼져 나며 장타원형으로 길이 1.5~4cm, 너비 8~15mm이고 밑부분이 좁아져 엽병처럼 되며 톱니가 약간 있다. 줄기에서 나는 잎은 어긋나고 난상 장타원형으로 길이 1~3cm, 너비 8~15mm이며 엽병이 없고 드문드문 톱니가 있다.

꽃 4~6월에 황색으로 피고 줄기와 가지 끝에 총상으로 달리며 소화경은 길이 1~2cm이다. 꽃받침조각은 타원형으로 길이 1.5mm정도, 꽃잎은 넓은 주걱형으로 길이 3mm정도, 수술은 6개 중 4개가 길고 암술은 1개이다.

열매 각과로 길이 6~8mm, 타원형이며 짧은 털이 밀생한다.

▼ 생육

▼ 생육 중기

▼ 화서오

122

다닥냉이

Lepidium apetalum Willd.

생활형
동계일년생

분포
전국

형태
줄기 높이 30~60cm이고 상부에서 분지하며 줄기 전체에 털이 없다.

잎 뿌리에서 나는 잎은 총생하고 방석같이 퍼지며 길이 3~10cm로서 두대우상으로 갈라지고 엽병이 길다. 줄기에서 나는 잎은 어긋나고 도피침형 또는 선형으로 길이 1.5~5cm, 너비 2~10mm이며 기부는 밑으로 흘러 엽병처럼 되고 가장자리에 톱니가 있다.

꽃 5~7월에 백색으로 피고 가지와 줄기 끝에 많은 작은 꽃이 총상으로 다닥다닥 달린다. 꽃받침조각은 4개로 작으며 꽃잎은 4개이나 결여되거나 불완전하고 수술은 6개중 4개가 길며 암술은 1개이다.

열매 각과로 편평한 원형이고 길이 3mm 정도이며 끝이 폭 들어갔다. 씨는 적갈색이고 원반형이다.

참고
외래종이다.

콩다닥냉이

Lepidium virginicum L.

생활형

동계일년생

분포

전국

형태

줄기 곧게 서며 털이 없고 중부 이상에서 많은 가지를 치며 높이 30~50cm이다.

잎 뿌리에서 나는 잎은 총생하여 수평으로 퍼지고 엽병이 길며 길이 3~5cm로서 두대우상으로 갈라지고 꽃이 필 무렵에 없어진다. 줄기에서 나는 잎은 도피침형으로 톱니가 있고 밑부분이 좁아져서 엽병으로 흐른다.

꽃 5~7월에 백색으로 피며 가지와 줄기 끝에 총상화서로 달린다. 꽃받침조각은 4개로 녹색이고 꽃잎은 4개로 꽃받침보다 길지만 불완전한 것도 있다. 수술은 4개이고 암술은 1개이다.

열매 각과로 원형이고 길이 너비 모두 2.5~3mm이며 윗가장자리에 좁은 날개가 있고 끝이 폭 들어갔으며 씨는 적갈색으로 가장자리에 막질의 날개가 있다.

▼ 생육

참고

외래종이다. 유사종인 다닥냉이에 비해 줄기에 달린 잎은 도피침형으로 가장자리에 거치가 있다.

갯무

Raphanus sativus var.
hortensis f. *raphanistroides*
Makino

생활형

동계일년생

분포

제주, 전남북, 경남북

형태

줄기 높이 30~60㎝로 곧추 서고 드문드문 가지를 친다.

잎 어긋나고 양면에 털이 있으며 엽병과 함께 길이 5~20㎝, 너비 2~5㎝이고 두대우상으로 갈라져 열편은 2~7쌍이며 아래쪽의 것일수록 소형이고 불규칙한 톱니가 있다.

꽃 4~6월에 백색 또는 엷은 홍자색으로 피고 줄기와 가지 끝에 총상화서로 달린다. 꽃받침조각은 4개이고 꽃잎은 4개로 도란상 쐐기모양이며 길이 2㎝ 내외이고 자주색의 맥이 있다. 수술은 6개 중 4개가 길고 암술은 1개이다.

열매 각과로 길이 5~8㎝, 너비 6~10㎜, 다소 염주모양이며 2~5개의 종자가 있다.

좀개갓냉이

Rorippa cantoniensis
(Lour.) Ohwi

생활형

동계일년생

분포

전국

형태

줄기 높이 10~40cm이고 하부에서부터 분지한다.

잎 뿌리에서 나는 잎은 총생하고 지면으로 퍼지며 길이 5~10cm이고 우상으로 갈라진다. 줄기에서 나는 잎은 어긋나고 엽병 밑부분은 넓어져 줄기를 다소 감싼다. 장타원형으로 길이 2~5cm이며 두대우상으로 갈라지고 열편은 4~6쌍이며 밑으로 갈수록 작아지고 가장자리에 결각상 톱니가 있다.

꽃 4~6월에 황색으로 피고 포엽 짬에 1개씩 달리며 소화경은 거의 없다. 꽃받침조각은 장타원형, 꽃잎은 4개로 좁은 도란형, 수술은 6개 중 4개가 길다.

열매 각과로 원주형이다.

▼ 생육 초기

개갓냉이

Rorippa indica (L.) Hiern

생활형
다년생

분포
전국

형태
줄기 높이 20~50cm이며 전체에 털이 없고 가지가 많이 갈라진다.

잎 뿌리에서 나는 잎은 모여 나서 퍼지며 두대 우열하고 불규칙한 톱니가 있다. 줄기에서 나는 잎은 어긋나고 도피침형 또는 장타원상 피침형으로 길이 6~15cm이며 우상으로 중렬 또는 톱니가 있고 기부는 좁아져 엽병같이 되며 작은 귀모양으로 되어 줄기를 감싼다.

꽃 5~6월에 황색으로 피고 가지와 줄기 끝에 총상으로 달린다. 꽃받침조각은 장타원형, 꽃잎은 4개로 좁은 도란형, 수술은 6개 중 4개가 길다.

열매 각과로 좁은 선형이며 길이 15~25mm이고 씨는 황색이며 타원형이다.

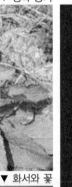

▼ 생육 중기

▼ 화서(좌: 개갓냉이, 우: 속속이풀)

▼ 화서와 꽃

127

속속이풀

Rorippa palustris (Leyss.) Besser

생활형

다년생

분포

전국

형태

줄기 높이 30~60cm이고 전체에 털이 없으며 윗부분에서 가지가 갈라진다.

잎 뿌리에서 나는 잎은 모여 나며 길이 7~15cm, 너비 15~30mm로 깊게 우상으로 갈라지고 엽병과 톱니가 있다. 줄기에서 나는 잎은 어긋나고 장타원상 피침형으로 길이 5~10cm이며 기부로 갈수록 좁아져 엽병같이 되고 작은 귀모양으로 되어 줄기를 감싸며 두대우상으로 중렬 또는 불규칙한 톱니가 있다.

꽃 5~6월에 황색으로 피고 가지와 줄기 끝에 총상으로 달리며 소화경은 5~7mm이다. 꽃받침조각은 장타원형, 꽃잎은 주걱모양, 수술은 6개중 4개가 길다.

열매 각과로 길이 5~7mm, 너비 1.5~2.5mm, 원주상 장타원형이다.

▼ 유식물 　　　　　　　　　　　▼ 생육

▼ 생육 중기 　　　　　　　　　　▼ 화서오

유럽장대

Sisymbrium officinale (L.) Scop.

생활형

동계일년생

분포

경기, 경남, 경북, 제주

형태

줄기 높이 40~80㎝로 곧추 서고 밑을 향한 거친 털이 있다.

잎 어긋나기이며 뿌리에서 나는 잎은 큰 것이 길이 20㎝에 이르며 하향 우상복엽이다. 줄기에서 나는 잎은 잎자루가 없고 창모양이며 작다.

꽃 6~7월에 피며 황색 십자화로 지름은 3~4㎜이고 좁은 총상화서를 이루며 꽃받침은 연한 초록색이다. 꽃잎은 길이 3㎜정도, 수술은 6개, 암술은 1개이고 씨방에 털이 있다.

열매 길이 1~1.5㎝, 너비 1~1.5㎜로 선상 피침형이고 털이 많으며 꽃대에 밀착되어 있다.

▼ 생육 초기

▼ 꽃

▼ 열매

참고

외래종이다.

민유럽장대

Sisymbrium officinale var. *leiocarpum* DC.

생활형

동계일년생

분포

제주

형태

줄기 높이 40~80cm로 곧게 자라며 사방으로 억세게 가지가 갈라진다.

잎 어긋나기이며 아래쪽의 잎은 잎자루가 있고 위쪽의 잎은 잎자루가 없어진다. 우상심열되고 3~6쌍의 하향 열편으로 이루어지며 열편은 타원형 또는 난형이며 거치가 있다.

꽃 5~9월에 피며 지름 4mm이고 황색이며 총상화서를 이룬다. 꽃받침은 장타원형이며 꽃잎은 길이 3~4mm이다.

열매 송곳 모양이고 기부로부터 위쪽으로 가늘어지며 길이 1~2cm로 털이 전혀 없고 꽃대에 밀착되어 있다.

참고

외래종이다.

▼ 줄기

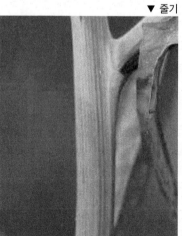

▼ 화서오

▼ 생육 초기　　　　▼ 화서와 열매

▼ 화서와 꽃

말냉이

Thlaspi arvense L.

생활형

동계일년생

분포

전국

형태

줄기 높이 20~60cm이고 줄기에 능선이 있으며 종종 분지하고 전체에 털이 없으며 분백색을 띤다.

잎 뿌리에서 나는 잎은 총생하며 사방으로 퍼지고 넓은 주걱모양이며 밋밋하거나 톱니가 약간 있다. 줄기에서 나는 잎은 어긋나고 엽병이 없으며 도피침상 장타원형 또는 피침형으로 길이 3~6cm, 너비 1~2.5cm이고 기부는 화살모양으로 다소 줄기를 감싸고 불규칙한 톱니가 있다.

꽃 5~8월에 백색으로 피고 줄기 끝에 총상으로 달린다. 꽃받침조각은 장타원형으로 길이 2mm, 꽃잎은 좁은 도란형으로 길이 4mm, 수술은 6개중 4개가 길고 암술은 1개이다.

열매 원반형 또는 편평한 도란상 원형으로 넓은 날개가 있고 끝이 깊게 파여있다.

참고

외래종이다.

131

애기봄맞이

Androsace filiformis Retz.

생활형

동계일년생

분포

전국

형태

줄기 15cm정도이며 전체에 털이 없고 광택이 있다.

잎 뿌리에서 총생하여 지면을 따라 또는 비스듬히 퍼지고 엽병이 뚜렷하며 넓은 난형 또는 난상 타원형으로 길이 1~4.5cm, 너비 2~9mm이며 끝은 둔하거나 뾰족하고 밑은 갑자기 좁아지며 가장자리에 잔톱니가 있다.

꽃 4~5월에 백색으로 피고 화경 끝에 산형으로 달리며 화서와 더불어 높이 15cm정도로 털이 없고 소화경은 길이 1~6cm로 상부에 선상 돌기가 있으며 포는 선형이다. 꽃받침은 종형으로 끝이 5개로 갈라지고 열편의 가장자리는 백색 막질이며 화관은 5개로 갈라지고하고 수술은 5개이다.

열매 삭과로 구형이다.

▼ 화서

▼ 생육 중기

봄맞이

Androsace umbellata
(Lour.) Merr.

생활형

동계일년생

분포

전국

형태

줄기 전체에 털이 있다.

잎 뿌리에서 총생하고 엽병은 길이 7~20mm이다. 반원형 또는 편평한 원형으로 길이와 너비가 각각 4~15mm이며 가장자리에 삼각형의 둔한 톱니가 있고 전체가 색이 연하다.

꽃 4~5월에 백색으로 피고 높이 3~10cm의 화경 끝에 산형화서로 달리며 화경은 1~25개가 총생하고 소화경은 길이 1~4cm이며 포는 난형 또는 피침형으로 길이 4~7mm이다. 꽃받침은 기부까지 5개로 갈라지며 열편은 난형이고 별모양으로 퍼지며 화관은 통부가 짧고 5개로 갈라지며 수술은 5개이다.

열매 삭과로 구형이며 끝이 5개로 갈라진다.

큰까치수영

Lysimachia clethroides
Duby

생활형

다년생

분포

전국

형태

줄기 높이 50~100cm로 곧추 서
며 밑부분이 붉은빛을 띠고 분
지하지 않고 상부에 화서와 더
불어 약간의 털이 있다.

잎 어긋나고 엽병은 길이 1~2
cm이다. 장타원상 피침형으로
길이 6~13cm, 너비 2~5cm이며
양끝이 뾰족하고 가장자리는 밋
밋하며 표면에 종종 잔털이 있
고 뒷면은 털이 없으며 내선점
이 있다.

꽃 6~8월에 백색으로 피고 줄기
끝에 옆으로 굽은 화서에 총상으
로 빽빽이 달리며 소화경은 길
이 6~10mm이고 밑부분에 선상
포가 난다. 꽃 5수성이고 꽃받침
은 5개로 깊이 갈라지고 화관은
5개로 갈라지며 열편은 좁은 장
타원형이고 수술은 5개이다.

열매 삭과로 난구형이다.

좀가지풀

Lysimachia japonica
Thunb.

생활형

다년생

분포

제주, 전남

형태

줄기 높이 7~30㎝이고 비스듬히 서나 나중에는 옆으로 길게 벋으며 전체에 잔털이 있다.

잎 마주나고 엽병은 길이 5~10mm이다. 넓은 난형으로 길이 6~23mm, 너비 5~15mm이며 끝은 뾰족하거나 둔하고 밑은 둥글며, 가장자리는 밋밋하고 밝은 선점이 마르면 모래알 같이 두드러진다.

꽃 5~6월에 황색으로 피고 잎짬에 1개씩 달리며 소화경은 길이 3~12mm이고 꽃이 진 뒤에 밑으로 처진다. 꽃받침은 5개로 전열하고 열편은 선상 피침형이며 화관은 5개로 갈라지고 열편은 삼각상 난형이며 수술은 5개로 꽃잎과 마주난다.

열매 삭과로 구형이며 상부에 긴 털이 있다.

말똥비름

Sedum bulbiferum Makino

생활형

동계일년생

분포

전국

형태

줄기 높이 7~22cm이며 전체가 연약하고 밑부분이 옆으로 벋으면서 마디에서 뿌리를 낸다.

잎 하부의 잎은 마주나고 난형이며 엽병이 짧고 상부의 잎은 어긋나게 달리며 주걱형으로 길이 10~15mm, 너비 2~4mm이고 끝은 둔하며 기부는 점차 좁아지고 위쪽 가장자리에 미세한 요철이 있다.

꽃 5~8월에 황색으로 피고 줄기 끝에서 가지가 갈라져서 취산화서가 발달하고 한쪽으로 치우쳐서 달린다. 꽃 밑에 포엽이 1개씩 있고 꽃받침조각은 장타원상 주걱형으로 크기가 서로 다르며 꽃잎은 피침형이고 길이 5mm정도이며 각각 5개, 수술은 10개이다.

열매 과실은 맺지 않는다.

▼ 생육 중기 ▼

참고

잎짬에 생기는 잎이 달려 있는 주아로 번식한다.

돌나물

Sedum sarmentosum
Bunge

생활형

다년생

분포

전국

형태

줄기 높이 15~20cm로 땅 위를 기며 마디에서 뿌리를 내어 퍼진다.

잎 3개가 윤생 또는 드물게 마주나며 장타원형 또는 도피침형으로 길이 0.7~2.5cm, 너비 3~6mm이고 양끝이 좁아지며 끝이 둔하고 가장자리가 밋밋하며 엽병이 없고 다육질이다.

꽃 5~6월에 황색으로 피고 줄기 끝에 취산화서로 달린다. 꽃받침조각은 5개로 선상 피침형이며 길이 4~6mm, 꽃잎은 5개로 피침형이고 길이 약 7mm, 수술은 10개로 꽃잎보다 짧으며 심피는 5개이다.

열매 골돌로 비스듬히 벌어진다.

▼ 생육 중기

▼ 화서와 꽃

짚신나물

Agrimonia pilosa Ledeb.

생활형

다년생

분포

전국

형태

줄기 높이 30~100cm이고 전체에 털이 있다.

잎 어긋나고 우상복엽이며 소엽은 5~7개이고 밑으로 가며 작아지고 사이사이에 부속 소엽이 있다. 끝에 있는 3개의 소엽은 크기가 비슷하고 장타원상 도란형 또는 피침형으로 길이 3~6cm, 너비 1.5~3.5cm이며 양끝이 좁아지고 가장자리에 톱니가 있다. 탁엽은 반심장형으로 불규칙한 톱니가 있다.

꽃 6~8월에 황색으로 피고 줄기와 가지 끝에 총상화서로 달린다. 꽃받침은 5개로 갈라지고 꽃잎은 5개로 도란형 또는 원형이며 수술은 5~10개이다.

열매 수과로 꽃받침에 싸여 있으며 갈고리 모양의 가시가 있다.

▼ 생육 중기   ▼ 화서와

뱀딸기

Duchesnea indica (Andr.)
Focke

생활형

다년생

분포

전국

형태

줄기 전체에 털이 있고 긴 포복
지를 벋으며 마디에서 뿌리를
내린다.

잎 어긋나고 뿌리에서 자란 잎
은 엽병이 길며 3출엽이고 소엽
은 난형 또는 도란상 타원형으
로 길이 2~3.5cm, 너비 1~3cm
이며 가장자리에는 치아상 톱니
가 있고 표면에는 털이 그리 없
으나 뒷면 엽맥을 따라 긴 털이
있다. 탁엽은 난상 피침형으로
가장자리가 밋밋하다.

꽃 4~5월에 황색으로 피고 잎
짬에서 길게 나오는 화경 끝에
1개씩 달린다. 꽃받침조각은 난
형, 부악편은 도란형으로 끝이3
개로 갈라진다. 꽃잎은 넓은 도
란형이며 5개로 갈라진다.

열매 수과로 둥글고 지름 1cm정
도이며 붉은 색을 띤다.

▼ 꽃

▼ 열매

큰뱀무

Geum aleppicum Jacq.

생활형

다년생

분포

전국

형태

줄기 높이 30~100cm로 곧게 서고 전체에 옆으로 퍼진 털이 있다.

잎 뿌리에서 나는 잎은 두대우상 복엽이며 엽병이 길고 소엽은 2~5쌍이며 점차 작아지고 소엽 같은 부속체가 있다. 정소엽은 능상 난형 또는 원형으로 소엽 같은 부속체가 있으며 길이 5~10cm, 너비 3~10cm, 가장자리에 불규칙한 톱니가 있다. 줄기에서 나는 잎은 엽병이 짧고 소엽은 3~5개이며 어긋나고 탁엽은 넓은 난형으로 길이 15~25mm이며 결각상 톱니가 있다.

꽃 6~7월에 황색으로 피고 가지 끝에 1개씩 달려 모두 3~10개이다. 꽃잎은 부악편은 각각 5개이고 과탁은 길이 1mm정도의 털이 있다.

열매 수과가 모여 타원형을 이루며 너비 5~20mm이다.

▼ 꽃

좀개소시랑개비

Potentilla amurensis Maxim.

생활형

동계(하계)일년생

분포

전국

형태

줄기 높이 5~30cm이고 가는 가지를 중복 분지하며 길고 연한 털이 있다. 진흙이나 하천가 모래땅에 자란다.

잎 3소엽이 되며 양면에 광택이 없다. 탁엽은 난형으로 톱니가 없다.

꽃 6~7월에 피며 꽃 지름 5~7 mm이다. 소포 5개는 장타원형이고 끝이 뭉툭하며, 꽃받침 5개는 난형이며 끝이 뾰족하다. 꽃잎은 서로 붙어 있지 않고 길이 1 mm정도로 아주 작으며 도란형이고 노란색으로 눈에 잘 띄지 않는다.

열매 지름 8mm정도이고 꽃받침이 위까지 덮는다.

▼ 개화기   ▼ 꽃

참고

외래종이다. 유사종인 개소시랑개비에 비해 꽃잎이 매우 작다.

가락지나물

Potentilla anemonefolia
Lehm.

생활형

다년생

분포

전국

형태

줄기 높이 20~60cm이고 하반부가 비스듬히 자라며 잎짬에서 가지가 옆으로 벋으며 위로 향한 털이 있다.

잎 뿌리에서 자란 잎은 5출 장상복엽이며 엽병이 길고 줄기에서 나는 잎은 상부의 것은 3출이며 엽병은 위로 갈수록 짧아진다. 소엽은 좁은 난형 또는 넓은 도피침형으로 길이 1.5~4cm, 너비 6~20mm이며 뒷면 맥 위에 복모가 있고 가장자리에 톱니가 있다.

꽃 5~7월에 황색으로 피고 가지 끝에 취산화서로 달리며 소화경은 5~20mm이고 백색 털이 있다. 꽃받침조각은 난형 또는 난상 피침형, 부악편은 선형, 꽃잎은 도심장형으로 각각 5개이다.

열매 수과로 세로로 약간 주름이 진다.

▼ 유식물

양지꽃

Potentilla fragarioides var.
major Maxim.

생활형

다년생

분포

전국

형태

줄기 높이 5~30cm이고 전체에 긴 털이 있다.

잎 뿌리에서 자란 잎은 총생하여 사방으로 비스듬히 퍼지며 우상복엽이고 소엽은 3~9개이며 3개의 정소엽은 크기가 비슷하나 밑부분의 것은 점차 작아진다. 소엽은 넓은 도란형 또는 타원형으로 길이 1.5~5cm, 너비 1~3cm이며 특히 맥 위에 털이 많고 가장자리에 치아상 톱니가 있다. 탁엽은 타원형으로 가장자리가 밋밋하다.

꽃 4~6월에 황색으로 피고 줄기 끝에 취산화서로 달리며 꽃의 지름은 15~20mm이다. 꽃받침조각은 난상 피침형, 부악편은 넓은 피침형, 꽃잎은 도란상 원형으로 끝이 오목하며 각각 5개, 암술과 수술은 많다.

열매 수과로 난형이며 가는 주름살이 있다.

세잎양지꽃

Potentilla freyniana Bornm.

생활형

다년생

분포

전국

형태

줄기

잎 3출엽이며 뿌리에서 자란 잎은 엽병이 길고 줄기에서 나는 잎은 짧으며 전체에 털이 있다. 소엽은 장타원형, 난형 또는 도란형으로 길이 2~5cm, 너비 1~3cm이며 가장자리에 치아상 톱니가 있고 뒷면 맥 위에 털이 있으며 흔히 자주빛이 돌고 탁엽은 난형으로 밋밋하다.

꽃 3~4월에 황색으로 피고 줄기 끝에 취산화서로 달리며 화경은 높이 15~30cm이고 꽃이 진 다음에 약간 짧은 포지를 낸다. 꽃의 지름은 10~15mm이다. 꽃받침조각은 넓은 피침형, 부악편은 선형, 꽃잎은 도란상 원형으로 끝이 오목하고 길이는 꽃받침의 1.5배이다.

열매 수과로 주름이 약간 있다.

개소시랑개비

Potentilla supina L.

생활형

다년생

분포

전국

형태

줄기 높이 50cm에 달하며 모여 나고 밑부분이 비스듬하게 옆으로 자라다가 곧추 선다.

잎 어긋나고 우상복엽이며 소엽은 5~9개이고 엽병이 길다. 소엽은 타원형 또는 피침형으로 양끝이 좁고 가장자리에 결각상 톱니가 있으며 탁엽은 난상 피침형으로 끝이 뾰족하다.

꽃 5~7월에 황색으로 피고 가지 끝이나 잎짬에 취산화서로 달린다. 꽃받침조각은 난형으로 끝이 뾰족하고 부악편은 난상 장타원형이며 꽃잎은 꽃받침보다 짧고 각각 5개이다. 암술과 수술은 많은 화탁에 털이 있으며 과실은 수과로 털이 없다. 본 종은 좀딸기에 비해 줄기 밑부분이 비스듬하게 옆으로 자라다가 곧추 서며 잎 우상복엽이다.

열매 수과로 털이 없다.

▼ 생육 중기

▼ 꽃

▼ 열매

참고

외래종이다.

산딸기

Rubus crataegifolius Bunge

생활형

다년생

분포

전국

형태

줄기 길이 1~2m이고 뿌리가 길게 옆으로 벋으며 여기저기에서 싹이 나와 군집을 형성하고 줄기 적갈색으로 가시가 산생한다.

잎 어긋나고 엽병은 2~5cm이다. 넓은 난형 또는 난원형으로 길이 4~10cm, 너비 3.5~8cm이며 끝은 뾰족하고 밑은 심장형이며 3~5개로 얕게 또는 중렬로 갈라지고 가장자리에 겹톱니가 있으며 양면 맥을 따라 연모가 있고 뒷면 맥 위에 엽병과 공히 편평한 구자가 있다.

꽃 5월에 백색으로 피고 가지 끝에 산방상 화서로 달린다. 꽃받침조각은 피침형, 꽃잎은 타원형이다.

열매 집합과로 거의 구형이며 7월에 검붉게 익는다.

▼ 개

146

탁엽

장딸기

Rubus hirsutus Thunb.

생활형

다년생

분포

제주, 전남

형태

줄기 높이 20~60cm이고 뿌리가 옆으로 길게 벋어 군데군데에서 새싹을 내어 군집을 형성하며 2년생 가지는 종종 옆으로 쓰러지고 가지에는 갈고리 모양의 가시가 있으며 짧은 선모와 연한 털이 밀생한다.

잎 어긋나고 우상복엽이며 소엽은 3~5개이고 난형 또는 난상 장타원형으로 길이 3~6cm, 너비 1.5~3cm이며 끝은 뾰족하고 가장자리에 결각상 톱니가 있으며 양면에 털이 약간 밀생하고 엽병 기부에 침상 탁엽이 있다.

꽃 4~5월에 백색으로 피고 가지 끝에 1개씩 달린다. 꽃받침 조각은 장피침형으로 융모가 밀생, 꽃잎은 5개로 도란상 타원형이다.

열매 집합과로 구형이며 7~8월에 붉게 익는다.

▼ 꽃　　　　　　　　　　　　　　　▼ 열매

멍석딸기

Rubus parvifolius L.

생활형

다년생

분포

전국

형태

줄기 길이 1.4m에 달하고 길게 옆으로 벋는다. 흙이 덮이면 뿌리를 내며 짧은 가시와 털이 있다.

잎 어긋나고 3출엽이나 맹아에서는 5개씩 나는 것도 있으며 소엽은 넓은 도란형 또는 난상 원형으로 길이 2~5cm이고 가장자리에 결각상 톱니가 있으며 표면에 잔털, 뒷면에 짧은 백면모가 밀생하고 엽병에도 털이 있다.

꽃 5~7월에 엷은 홍색으로 피고 취산화서로 달리며 화경에 가시와 털이 있다. 꽃받침조각은 5개로 피침형, 꽃잎은 5개로 도란형으로 꽃받침보다 짧다.

열매 집합과로 둥글며 7~8월에 붉게 익는다.

오이풀

Sanguisorba officinalis L.

▼ 생육 중기

생활형

다년생

분포

전국

형태

줄기 높이 30∼150cm이고 근경은 옆으로 갈라져 자라며 방추형으로 되고 전체에 털이 없다.

잎 어긋나고 우상복엽이며 소엽은 5∼11개이고 소엽병은 6∼30mm이다. 장타원형, 타원형, 또는 난형으로 길이 2.5∼5cm, 너비 1∼2.5cm이며 끝은 둥글고 밑은 둥글거나 심장형이고 삼각형의 톱니가 있다.

꽃 6∼9월에 어두운 홍자색으로 피며 줄기 끝에 1∼2.5cm의 원주상 수상화서로 달리며 화수는 곧추 서고 포는 넓은 타원형이며 소포는 피침형이다. 꽃잎은 없고 꽃받침은 4개로 갈라지며 열편은 넓은 타원형이고 수술은 4개이며 꽃받침보다 짧다.

열매 수과로 사각형이며 꽃받침에 싸여 있다.

자귀풀

Aeschynomene indica L.

생활형

하계일년생

분포

전국

형태

줄기 높이 50~100cm로 곧추 서고 윗부분은 속이 비어 있다.

잎 어긋나고 우수우상복엽이며 소엽은 10~20쌍이고 선상 장타원형으로 길이 1~1.5cm, 너비 2~3.5mm이며 양끝은 둥글고 가장자리는 밋밋하며 뒷면은 분백색이다. 탁엽은 난형 또는 피침형으로 길이 7~12mm이며 끝이 뾰족하고 약간 윗부분에 달린다.

꽃 7~8월에 황색으로 피고 길이 10mm, 잎짬에서 나온 화경 끝에 2~3개의 꽃이 총상으로 달리며 화서에는 1~2개의 잎이 있다. 포는 탁엽과 비슷하나 보다 작고 소포는 꽃받침 밑부분에 달린다. 꽃받침은 기부 가까이까지 2개로 깊이 갈라지며 화관은 나비모양이고 기판은 원형이며 수술은 양체이다.

열매 협과로 편편한 선형이며 길이 3~5cm, 너비 5mm정도이며 6~8개의 마디가 있고 성숙하면 마디가 분리한다.

▼ 유식물

▼ 꽃과

새콩

Amphicarpaea bracteata
subsp. *edgeworthii* (Benth.)
H.Ohashi

생활형

하계일년생

분포

전국

형태

줄기 길이 100~200cm의 덩굴성 식물로 전체에 밑으로 향한 퍼진 털이 있다.

잎 어긋나고 엽병이 길며 3출엽이고 뒷면이 백색을 띤다. 소엽은 난형이며 정소엽은 길이 3~6cm, 너비 1.5~5cm로서 가장 크고 끝은 둔하거나 뾰족하며 털이 있다. 탁엽은 좁은 난형으로 떨어지지 않는다.

꽃 8~9월에 연한 자색으로 피고 길이 15~20mm, 잎짬에서 나온 화경에 6개 정도의 꽃이 총상으로 달린다. 꽃받침은 끝이 5개로 갈라지고 열편은 통부보다 짧고 털이 있다. 화관은 나비모양이며 수술은 양체이다.

열매 협과로 타원형이며 길이 2.5~3cm, 너비 7mm정도로 종선을 따라 털이 있다.

▼ 열매

자운영

Astragalus sinicus L.

생활형
동계일년생

분포
중부 이남

형태
줄기 높이 10~25cm로 밑에서 가지가 갈라지고 길게 벋으며 백색 털이 다소 있다.

잎 어긋나고 우상복엽이며 소엽은 9~11개이고 도란형 또는 타원형으로 길이 6~20mm, 너비 3~15mm이며 끝은 둥글거나 오목하게 들어가고 가장자리는 밋밋하며 엽병 밑의 탁엽은 난형으로 길이 3~6mm이고 끝이 뾰족하다.

꽃 4~6월에 길이 12mm, 홍자색으로 피고 10~20cm의 화경 끝에 7~10개의 꽃이 산형으로 달리고 소화경은 1~2mm이다. 꽃받침은 백색 털이 드문드문 있고 열편은 피침형, 익판과 용골판은 기판보다 짧으며 수술은 10개로 2체이다.

열매 협과로 흑색이며 길이 2~2.5cm, 지름 6mm정도로 털이 없고 2실이다. 종자는 누른빛이 돈다.

▼ 꽃(윗면)   ▼ 꽃(측면)   ▼

참고
외래종이다.

차풀

Chamaecrista nomame
(Siebold) H.Ohashi

생활형

하계일년생

분포

전국

형태

줄기 높이 30~60cm이며 가지가 갈라지고 안으로 꼬부라진 짧은 털이 있다.

잎 어긋나고 엽병은 3~8cm이고 우수우상복엽이며 소엽은 30~70개이며 선상 타원형으로 길이 0.8~1.2cm, 너비 2~3mm이며 끝은 뾰족하고 첫째 소엽 바로 밑에 선이 있다. 탁엽은 침형 또는 선상 피침형으로 길이 5~7mm이다.

꽃 7~8월에 황색으로 피고 길이 6~7mm, 잎짬에 1~2개씩 달리며 소화경 끝에 소포가 있다. 꽃받침조각은 피침형으로 가는 막질이고 꽃잎은 도란형이며 각 5개, 수술은 4개이다.

열매 협과로 편장타원형이고 길이 3~4cm, 너비 5~6mm, 짧은 털이 있다. 종자는 흑색이고 광택이 나며 약간 네모지다.

▼ 유식물

▼ 생육 초기

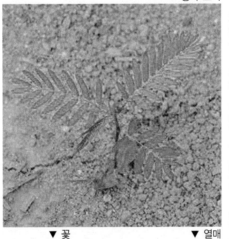

▼ 잎과 줄기

▼ 꽃

▼ 열매

활나물

Crotalaria sessiliflora L.

생활형

하계일년생

분포

전국

형태

줄기 높이 20~70cm로 단일 또는 분지하며 잎 표면을 제외한 전체에 긴 갈색털이 밀생한다.

잎 어긋나고 엽병은 거의 없으며 넓은 선상 장타원형으로 길이 2.5~10cm, 너비 3~10mm이며 끝은 뾰족하고 가장자리는 밋밋하며 연모가 있고 탁엽은 선형으로 길이 3~5mm이다.

꽃 7~9월에 청자색으로 피며 줄기와 가지 끝에 수상으로 달리고 포는 선형으로 길이 5~8mm이다. 꽃받침은 2개로 깊게 갈라지고 위쪽 것은 2개, 아래쪽 것은 3개로 다시 갈라지며 화관은 나비모양이고 꽃잎이 꽃받침보다 짧다.

열매 협과로 장타원형이며 길이 10~12mm이고 2개로 갈라진다.

여우팥

Dunbaria villosa (Thunb.) Makino

생활형

다년생

분포

제주, 전남, 전북, 경남

형태

줄기 덩굴성 식물로 다른 물체에 감겨 올라가며 전체에 잔털이 밀생한다.

잎 어긋나고 엽병이 길며 3출엽이고 뒷면에 적갈색 선점이 있다. 정소엽은 난상 능형으로 가장 크며 길이와 너비가 각각 1~3cm이고 끝이 뾰족해지다가 둔해지며 가장자리는 밋밋하다. 탁엽은 좁은 난상 삼각형으로 끝이 뾰족하며 소탁엽은 극히 작다.

꽃 7~8월에 황색으로 피며 길이 15~18mm, 잎짬에 나는 총상화서 마디에 1개씩 달린다. 소화경은 6~8mm이다. 꽃받침에는 선과 털이 밀생하고 화관은 나비모양이며 기판의 화조 양쪽에 둔한 돌기가 1개씩 있다.

열매 협과로 길이 4.5~5cm, 너비 8mm정도, 편평한 선형이며 6~8개의 종자가 들어 있다.

돌콩

Glycine soja Siebold & Zucc.

생활형

하계일년생

분포

전국

형태

줄기 길이 2m에 달하며 가늘고 타 물체에 감겨 오른다. 전체에 밑을 향한 갈색 털이 있다.

잎 어긋나고 엽병이 길다. 3출엽이며 소엽은 타원상 피침형으로 길이 3~8cm, 너비 8~25mm이고 끝은 둔하거나 뾰족하며 밑은 둔하거나 둥글고 가장자리는 밋밋하다. 탁엽은 넓은 피침형이고 소탁엽은 피침형이다.

꽃 7~8월에 연한 홍자색으로 피고 길이 6mm, 잎짬에 총상화서로 소수의 꽃이 달린다. 꽃받침은 끝이 5개로 갈라지고 열편은 통부와 길이가 비슷하다. 화관은 나비모양이며 수술은 양체이다.

열매 협과로 길이 2~3cm, 너비 4~5mm, 털이 많다. 종자는 타원형 또는 신장형이며 흑갈색으로 작은 콩알 비슷하다.

▼ 생육 초기

▼ 꽃(흰

▼ 화서와 꽃(자색)

▼

156

둥근매듭풀

Kummerowia stipulacea
(Maxim.) Makino

생활형

하계일년생

분포

전국

형태

줄기 높이 10~20㎝이며 밑에서부터 가지가 많이 갈라지고 위를 향한 털이 있다.

잎 어긋나고 3출엽이며 소엽은 하부의 것은 도란형으로 끝이 오목하고 상부의 것은 좁은 도란형이며 모두 중앙맥 뒷면과 가장자리에 퍼진 털이 있고 탁엽은 끝이 길게 뾰족해진다.

꽃 8~9월에 연한 홍자색으로 길이 5~8㎜, 잎짬에 달린다. 폐쇄화도 잎짬에 난다. 포와 소포는 각각 1~3맥이 있다. 꽃받침은 끝이 5개로 갈라지고 화관은 나비모양이며 수술은 10개로 2체이다.

열매 협과로 타원형이며 1개의 검은 종자가 들어 있다.

▼ 유식물

157

매듭풀

Kummerowia striata
(Thunb.) Schindl.

생활형

하계일년생

분포

전국

형태

줄기 높이 10~30cm이고 밑에서부터 가지가 많이 갈라지며 밑을 향한 털이 있다.

잎 어긋나고 3출엽이며 소엽은 장타원형으로 길이 10~15mm, 너비 5~8mm이고 끝은 둔하거나 둥글며 가장자리는 밋밋하고 측맥은 평행하게 나가며 잡아당기며 매듭과 같이 끊어진다.

꽃 8~9월에 연한 홍자색으로 피며 잎짬에 1~2개씩 달리고 화경은 짧으며 포와 소포는 각각 5~7맥이 있다. 꽃받침은 끝이 5개로 갈라지며 털이 있고 꽃잎은 5mm 정도로 꽃받침의 2배 정도 길며 수술은 10개이다. 폐쇄화에는 꽃잎이 없다.

열매 협과로 난형이며 1개의 종자가 들어 있다.

▼ 꽃(측면)과 탁엽 ▼ 꽃

참고

유사종인 둥근매듭풀에 비해 줄기에 아래로 향하는 털이 있고 소엽은 타원형이다.

비수리

Lespedeza cuneata G.Don

생활형

다년생

분포

전국

형태

줄기 높이 60~100cm에 달하며 반관목상 다년초로 짧은 가지는 능선과 더불어 털이 있다.

잎 어긋나고 빽빽이 나며 3출엽이고 소엽은 선상 도피침형으로 길이 0.7~2.5cm, 너비 2~4mm이며 끝은 둥글거나 오목하게 들어가고 가장자리는 밋밋하며 뒷면에 잔털이 있고 엽병은 길이 5~15mm이다.

꽃 7~9월에 황백색으로 피고 잎짬에 모여 달린다. 꽃받침조각은 선상 피침형으로 거의 밑까지 갈라지고 열편에 1맥과 견모가 있다. 기판은 중앙부에 자주색 줄이 있고 수술은 양체이다.

열매 협과로 넓은 난형이고 길이 3mm, 잔털이 있고 암갈색으로 1개의 종자가 들어 있다. 종자는 신장형에 가깝고 황록색 바탕에 적색 반점이 있다.

괭이싸리

Lespedeza pilosa (Thunb.) Siebold & Zucc.

생활형

다년생

분포

전국

형태

줄기 철사처럼 가늘고 땅 위를 기어가며 전체에 연모가 밀생한다.

잎 어긋나고 3출엽이며 소엽은 넓은 타원형 또는 도란형으로 길이 1~2cm, 너비 8~15mm이고 양끝은 둥글며 끝은 약간 오목하고 가장자리는 밋밋하다.

꽃 8~9월에 백색으로 피며 잎짬에 1~5개씩 달리고 폐쇄화는 상부의 잎짬에 1~3개씩 달린다. 꽃받침은 깊고 가늘게 5개로 갈라지고 긴 털이 밀생하며 열편에는 3~5개의 맥이 있다. 기판은 도란형으로 기부에 자주빛이 돈다.

열매 협과로 난상 원형이며 표면에 그물맥과 견모가 있고 10월에 성숙한다.

▼ 생육 초기

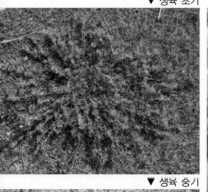

▼ 생육 중기

▼ 꽃

서양벌노랑이

Lotus corniculatus L.

생활형
다년생

분포
전국

형태
줄기 길이 30cm정도로 가운데
가 비지 않고 수질이 차 있다.
뿌리는 곧은 뿌리이다.

잎 3출엽이며 소엽은 난형으로
길이는 0.7~1.3cm이다. 탁엽은
소엽과 같은 모양이다.

꽃 5~9월에 피고 길이 5~6cm
의 긴 꽃자루 끝에 4~7개의 꽃
이 산형화서를 이룬다. 꽃받침
은 길이 5~8mm로 통부는 털
이 없고 열편에 약간의 털이 있
으며 열편은 통부와 길이가 같
거나 약간 짧고 꽃봉오리일 때
는 곧거나 안쪽으로 약간 휜다.
꽃잎은 황색이며 기판은 길이
1~1.5cm, 익판은 길이 1cm, 용골
판은 길이 1cm이다.

열매 협과로 줄 모양이고 길이
3cm 정도로 곧다.

참고
외래종이다.

잔개자리

Medicago lupulina L.

생활형

동계일년생

분포

전국

형태

줄기 길이 10~60cm로 밑부분에서 가지가 많이 갈라져 옆으로 기거나 비스듬히 서며 전체에 짧은 털이 있다.

잎 어긋나고 3출엽이며 소엽은 넓은 도란형으로 길이 0.7~1.7cm, 너비 5~15mm이고 상반부의 가장자리에 잔톱니가 있으며 탁엽은 반난형으로 톱니가 있거나 밋밋하다.

꽃 5~7월에 연한 황색으로 피고 길이 2~4mm, 잎짬에서 긴 화경이 나와 끝에 많은 꽃이 달린다. 소포는 침상으로 작다. 꽃받침은 길이 1.5mm, 화관은 나비 모양으로 2~4.5mm이다.

열매 협과로 콩팥모양이며 길이 2.5mm, 반바퀴 정도 말리며 종선이 있고 1개의 종자가 들어 있으며 흑색으로 익는다. 종자는 길이 1.5mm정도, 황색이거나 갈색이다.

▼ 결실기

참고

외래종이다.

좀개자리

Medicago minima Bartal.

생활형
동계일년생

분포
제주, 전남

형태
줄기 길이 30cm 내외로 아랫부분이 옆으로 누우며 식물 전체에 연모가 많이 있다.

잎 어긋나고 1cm정도의 잎자루가 있고 3소엽으로 이루어진다. 소엽은 도란형으로 길이 5~8mm이며 끝은 요두이며 거치가 있다. 탁엽은 거치가 없고 길이 3mm이다.

꽃 5~8월에 담황색으로 피며 길이 3mm이고 2~8개의 꽃이 모여 두상화서를 이룬다.

열매 3~4회 나선상으로 말리고 편구형이며 지름은 4mm정도로 갈고리 모양의 가시가 있다. 종자는 3~4개가 있으며 길이는 2mm 정도이다.

참고
외래종이다. 유사종인 개자리에 비해 식물체 전체에 연한 털이 밀생하고 탁엽 가장자리에 거치가 없다.

개자리

Medicago polymorpha L.

▼ 결

생활형

동계일년생

분포

전국

형태

줄기 길이 20~60cm로 기부에서 가지가 많이 갈라져 옆으로 기거나 비스듬히 자란다.

잎 어긋나고 3출엽이며 소엽은 넓은 도란형으로 길이 0.7~2.5cm, 너비 3~20mm이고 끝은 둥글거나 오목하며 상부의 가장자리에 잔톱니가 있고 뒷면 중앙맥 위에 털이 약간 있다. 탁엽은 반난형으로 깊은 톱니가 있다.

꽃 4~6월에 황색으로 피며 길이 4~5mm, 잎짬에서 화경이 나와 두상으로 달리고 포는 선형으로 작다. 꽃받침은 길이 2mm 정도, 화관은 나비모양이다.

열매 협과로 2~3회 말리고 지름 5~8mm, 가장자리에 갈고리 같은 가시가 있다. 종자는 콩팥 모양으로 길이 3mm정도, 적갈색이다.

▼ 꽃과 탁엽

참고

외래종이다.

▼ 화서

자주개자리

Medicago sativa L.

생활형

다년생

분포

전국

형태

줄기 높이 30~90cm로 곧추 서고 털이 거의 없으며 속이 비었다.

잎 어긋나고 3출엽이며 소엽은 도피침상 장타원형으로 길이 2~3cm, 너비 6~10mm이고 끝은 둔하며 중앙맥 끝이 뽀족하고 밑은 쐐기모양이며 상반부에 잔톱니가 있고 탁엽은 피침형이며 가장자리가 밋밋하다.

꽃 5~8월에 연한 자색으로 피고 잎짬에 긴 화경이 나와 총상화서로 달리며 포는 침형이다. 꽃받침은 5개로 갈라지고 열편은 선형으로 통부보다 길다. 화관은 나비모양으로 길이 9~10mm이다.

열매 협과로 나선상으로 2~3회 말리고 지름 4~6mm, 여러 개의 종자가 들어 있다. 종자는 콩팥모양으로 황갈색이다.

참고

외래종이다.

흰전동싸리

Melilotus alba Medicus

생활형

동계일년생

분포

전국

형태

줄기 높이 50~150cm로 곧추 서며 가지를 친다. 어릴 때는 가지 끝이나 잎에 털이 있으나 자라면서 털이 없어진다.

잎 어긋나고 3출엽이다. 잎자루는 가늘고 길이 1~4cm이다. 소엽은 장타원형 또는 도피침형이고 길이 1.5~3.5cm, 폭 0.4~1.2cm, 잎 가장자리에 10~16개의 톱니가 있다. 탁엽은 송곳모양이며 톱니가 없다.

꽃 6~9월에 백색으로 피며 길이 4~6mm이다. 총상화서는 꽃이 느슨하게 달리며 열매가 달릴 때는 더 길어진다.

열매 협과로 난형이며 약하게 망상무늬가 있고 털이 없으며 길이 3~3.5mm, 폭 2~2.5mm로 1~3개의 종자가 들어있다.

참고

외래종이다.

▼ 화서

전동싸리

Melilotus suaveolens Ledeb.

생활형

동계일년생

분포

전국

형태

줄기 높이 60~90cm로 곧추 서고 가지를 많이 치며 털이 거의 없다.

잎 어긋나고 3출엽이며 소엽은 장타원형 또는 도피침형으로 길이 1.2~3cm, 너비 3~15mm이고 가장자리에 잔톱니가 있으며 소엽병의 측소엽은 극히 짧고 정소엽은 2~4mm이며 탁엽은 선형이다.

꽃 6~8월에 황색으로 피고 길이 4~6mm, 잎짬이나 가지 끝에 총상화서로 달리며 화경은 2~4cm이고 포는 선형으로 소화경보다 길다. 꽃받침은 잔털이 있고 길이 1.5~2mm이며 열편은 뾰족하다. 화관은 나비모양이고 길이 3~4mm이다.

열매 협과로 타원형이며 길이 3~4mm이다.

참고

외래종이다.

칡

Pueraria lobata (Willd.) Ohwi

생활형

다년생

분포

전국

형태

줄기 덩굴성으로 다른 물체를 감아가며 자란다. 갈색 또는 백색의 퍼진 털과 뒤로 구부러진 털이 많다.

잎 어긋나고 엽병이 길며 3출엽이고 소엽은 능형 또는 난형으로 길이와 너비가 각각 10~15cm이며 털이 있고 가장자리는 밋밋하거나 2~3개로 얕게 갈라지며 뒷면은 백색을 띤다. 탁엽은 피침형으로 길이 15~20mm이고 떨어진다.

꽃 7~9월에 홍자색으로 피나 드물게 백색 또는 연분홍색이고 잎짬에 10~25cm의 총상화서에 짧은 소화경을 가진 꽃이 많이 달린다. 꽃받침은 종렬하며 밑의 열편은 길고 화관은 나비모양이다.

열매 협과로 넓은 선형이고 길이 6~8cm, 너비 8~10mm, 갈색의 굵은 털이 있다. 종자는 갈색으로 9~10월에 익는다.

▼ 생육 초기

▼ 생육 중기

고삼

Sophora flavescens Aiton

생활형

다년생

분포

전국

형태

줄기 높이 80∼150㎝, 전체에 짧은 털이 있으며 뿌리는 굵고 깊이 들어간다.

잎 어긋나고 엽병이 길며 우상 복엽이고 소엽은 15∼35개이며 장란형 또는 장타원형으로 길이 2∼4㎝, 너비 5∼15㎜이고 끝은 둔하거나 뾰족하며 밑은 둥글고 가장자리는 밋밋하다.

꽃 6∼8월에 연한 황색으로 피고 줄기와 가지 끝에 총상화서로 달리며 소화경은 짧다. 꽃받침은 5개로 얕게 갈라지고 꽃잎은 15㎜ 내외로 기판의 끝이 위로 구부러진다.

열매 협과이며 좁은 원주형으로 다소 연주상이다.

노랑토끼풀

Trifolium campestre
Schreb.

생활형

동계일년생

분포

제주, 충남, 경북(울릉도)

형태

줄기 높이 10~25cm이며 비스듬히 자란다.

잎 3개의 소엽으로 이루어지며 잎자루는 길이 5~10mm, 소엽은 도란형이고 끝 쪽에 톱니가 있으며 탁엽은 난형이다.

꽃 5~6월에 황색으로 피며 두상화서는 원형 또는 타원형으로 길이 1~1.5cm이고 길이 5mm 정도, 30개 내외의 나비모양의 꽃이 이루어진다. 꽃받침은 5개로 갈라지고되고 열편은 크기가 모두 다르며 아래쪽 열편 3개는 통부보다 길다. 꽃잎은 처음에 황색이며 시들면 담갈색으로 변한다. 기판은 넓은 난형이며 중앙맥의 좌우에 5~8개의 측맥이 있고 맥을 따라 홈이 파인다.

열매 협과로 1개의 종자가 들어 있다.

▼ 화서와

참고

외래종이다.

애기노랑토끼풀

Trifolium dubium Sibth.

생활형
동계일년생

분포
전국

형태
줄기 길이는 20~40cm이고 지면으로 눕거나 비스듬히 자란다.

잎 3소엽이 되고 잎자루는 길이 2~5mm이다. 소엽은 도란형으로 길이 6~10mm이며 위쪽에 톱니가 있다. 탁엽은 난상 피침형이며 기부는 줄기를 둘러싼다.

꽃 5~6월에 황색으로 피며 두상화서는 5~15개의 꽃이 느슨하게 모여서 만들어지고 길이는 7mm정도이다. 꽃은 나비모양의 꽃이며 꽃받침은 길이 약 2mm로 통부보다 위쪽 열편이 길고 아래쪽 것은 짧다. 기판은 장타원형으로 5~7개의 뚜렷한 맥이 있다.

열매 협과로 1개의 종자가 들어있다.

▼ 탁엽

▼ 화서

참고
외래종이다.

붉은토끼풀

Trifolium pratense L.

생활형

다년생

분포

전국

형태

줄기 높이 20~70cm로 곧추 서거나 비스듬히 올라가며 가지가 갈라지고 전체에 퍼진 갈색 연모가 있다.

잎 어긋나고 3출엽이며 엽병은 길이 2~20cm이고 소엽은 난형 또는 타원형으로 길이 3~7cm, 너비 1.5~3cm이며 양끝이 둔하고 가장자리에 잔톱니가 있으며 표면에 백색 점이 있고 탁엽은 상부까지 엽병과 합생하며 끝이 뾰족하다.

꽃 5~8월에 홍자색으로 피고 줄기 끝 잎짬에 두상으로 모여 달린다. 꽃받침은 통형이고 치편은 가늘고 긴 침형이며 갈색의 긴 털이 있다.

열매 협과로 길이 2mm정도, 1개의 종자가 들어 있다.

▼ 생육

참고

외래종이다.

▼ 생육 중기

▼ 화서

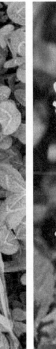

토끼풀

Trifolium repens L.

생활형
다년생

분포
전국

형태
줄기 땅 위를 기며 마디에서 뿌리를 내린며 전체에 거의 털이 없다.

잎 어긋나고 3출엽이며 엽병은 5~15cm이고 소엽은 도란형 또는 도심장형으로 길이 1.5~2.5cm, 너비 10~25mm이며 끝은 둥글거나 오목하고 밑은 넓은 쐐기모양이며 가장자리에 잔톱니가 있고 탁엽은 난상 피침형으로 끝이 뾰족하다.

꽃 5~10월에 백색으로 피고 잎짬에서 10~20cm의 화경이 나와 두상으로 많은 꽃이 달린다. 꽃받침조각의 끝은 뾰족하고 기판은 떨어지지 않고 갈색으로 말라서 과실을 둘러싼다.

열매 협과이며 선형으로 길이 10mm정도, 2~6개의 갈색 종자가 들어 있다.

참고
외래종이다. 유사종인 붉은토끼풀과 달리 식물체에 털이 없고 줄기는 땅을 뻗으며 자란다.

갈퀴나물

Vicia amoena Fisch. ex DC.

생활형

다년생

분포

전국

형태

줄기 길이 80~180cm로 덩굴손으로 다른 물체에 감기면서 자라고 줄기에 능선이 있어 네모지며 잎 뒷면과 더불어 잔털이 있다.

잎 어긋나고 우수우상복엽이며 소엽이 10~16개이고 끝은 2~3개로 갈라진 덩굴손으로 된다. 소엽은 장타원형 또는 피침형으로 길이 1.5~3cm, 너비 4~10mm이며 양끝이 뾰족하고 끝에 돌기가 약간 있으며 탁엽은 크고 가장자리에 치아모양 톱니가 있다.

꽃 6~9월에 길이 12~15mm, 홍자색으로 피고 잎짬에서 나온 총상화서에 한쪽으로 치우쳐서 달린다. 꽃받침은 5개로 갈라지고 열편은 불규칙하며 화관은 나비모양이다.

열매 협과로 장타원형이며 길이 2~2.5cm이다.

▼ 생육 중기

탁엽

가는살갈퀴

Vicia angustifolia L. ex Reichard

생활형
동계일년생

분포
제주, 경북(울릉도)

형태
줄기 높이 90cm에 달하고 기부에서 많이 분지하며 네모지고 다소 누우며 전체에 털이 없다.

잎 어긋나고 3~7쌍의 소엽으로 구성된 우수우상복엽이며 끝은 덩굴손으로 된다. 소엽은 선형 또는 선상 장타원형으로 길이 15~25mm, 너비 2~5mm이며 끝은 둥글거나 한일자모양이고 밑부분의 것은 흔히 도란형으로 길이 6~10mm이며 끝이 오목하고 탁엽은 2개로 갈라진다.

꽃 4~6월에 홍자색으로 피고 잎짬에 1~2개씩 달린다. 꽃받침은 끝이 5개로 갈라지고 화관은 나비모양이며 기판은 끝이 퍼진다.

열매 협과로 선형이며 약 10개의 종자가 들어 있다.

참고
유사종인 살갈퀴에 비해 소엽이 좁고 끝이 오목하지 않다.

살갈퀴

Vicia angustifolia var.
segetilis (Thuill.) K.Koch.

생활형

동계일년생

분포

전국

형태

줄기 높이 60~150cm에 달하고 기부에서 많이 분지하며 네모지고 다소 누우며 전체에 털이 없다.

잎 어긋나고 3~7쌍의 소엽으로 구성된 우수우상복엽이며 끝은 덩굴손으로 된다. 소엽은 선형 또는 선상 장타원형으로 길이 1.5~3cm, 너비 2~6mm이며 끝은 둥글거나 한일자모양이고 밑부분의 것은 흔히 도란형으로 길이 6~10mm이며 끝이 오목하고 탁엽은 2개로 갈라진다.

꽃 4~6월에 홍자색으로 피고 길이 12~18mm, 잎짬에 1~2개씩 달린다. 꽃받침은 길이 8~12mm, 끝이 5개로 갈라지고 화관은 나비모양이며 기판은 끝이 파진다.

열매 협과로 선형이며 길이 3~4cm, 약 10개의 흑색종자가 들어 있다.

▼ 유식물

▼ 생육

▼ 꽃과 탁엽

▼

탁엽

각시갈퀴나물

Vicia dasycarpa Ten.

생활형

동계(하계)일년생

분포

중부 이남

형태

줄기 길이 60~200cm의 덩굴성 식물이다.

잎 어긋나며 10쌍 내외의 소엽으로 이루어진 우상복엽이다. 탁엽은 선형이며 길이 6~8mm로 기부에 1개의 거치가 있다.

꽃 5~8월에 보라색으로 피며 잎겨드랑이에서 긴 꽃자루가 나와 10~30개의 나비모양의 꽃이 한쪽 방향으로 밀집되어 총상화서를 이룬다. 꽃받침은 종형으로 열편보다 통부가 길며 열편은 크기가 다르고 아래쪽의 것은 길이 2mm이다. 꽃잎은 길이가 10~15mm이다.

열매 협과로 길이 2~4cm, 너비 0.7~1cm로 2~7개의 종자가 들어 있다.

참고

외래종이다.

새완두

Vicia hirsuta (L.) Gray

생활형

동계일년생

분포

전국

형태

줄기 높이 30~60cm이며 밑부분에서 가지가 갈라지고 어릴 때에는 잔털이 있다.

잎 어긋나고 6~8쌍의 소엽으로 구성된 우수우상복엽이며 끝에 덩굴손이 있다. 소엽은 선상 장타원형으로 길이 6~17mm, 너비 1.5~3mm이고 끝은 둥글거나 일자모양이며 탁엽은 대개 4개로 갈라지고 녹색이다.

꽃 5~6월에 백자색으로 피고 잎짬에서 길이 2~3cm의 섬세한 총상화서가 나와 3~7개의 꽃이 모여 달린다. 꽃받침은 5개로 갈라지고 화관은 나비모양이다.

열매 협과로 털이 있으며 장타원형이고 길이 8mm정도, 너비 3mm정도, 2개의 종자가 들어 있다.

▼ 탁엽

▼ 꽃

▼

얼치기완두

Vicia tetrasperma (L.) Schreb.

생활형

동계일년생

분포

전국

형태

줄기 높이 30~60cm로 가늘고 기부로부터 많은 가지를 치며 어릴 때 털이 약간 있다.

잎 어긋나고 6~12개의 소엽으로 구성되는 우수우상복엽이며 끝에 덩굴손이 있다. 소엽은 선상 장타원형으로 길이 8~17mm, 너비 1.5~4mm이고 끝은 둔하거나 뾰족하며 탁엽은 장타원형으로 창을 세로로 자른 듯한 모양이다.

꽃 5~6월에 연한 홍자색으로 피고 길이 5mm, 잎짬에서 나는 긴 화경 끝에 1~3개씩 달린다. 꽃받침은 끝이 5개로 갈라지고 화관은 나비모양이다.

열매 협과로 장타원형 또는 타원형으로 길이 10~13mm, 너비 4mm, 털이 없으며 3~6개의 종자가 들어 있다.

▼ 얼치기완두(좌), 살갈퀴(중), 새완두(우)　　▼ 꽃

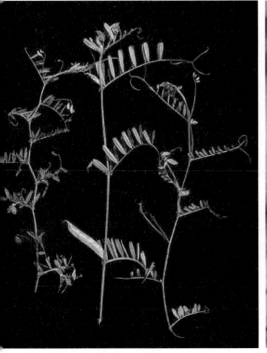

벳지

Vicia villosa Roth

생활형

동계일년생

분포

전국

형태

줄기 길이 100~200cm이다. 덩굴성으로 퍼진 털이 밀생한다. 뿌리는 측근이 많고 곧은 뿌리는 땅 속 깊이 들어간다.

잎 어긋나고 6~10쌍의 소엽으로 구성된 우수우상복엽이며 끝이 덩굴손으로 된다. 소엽은 장타원형으로 길이 1~2.5cm, 너비 7~10mm이고 끝이 뾰족하며 가장자리는 밋밋하다.

꽃 5~6월에 자색으로 피고 길이 1.4~1.5cm, 잎짬에서 긴 화경이 나와 총상화서로 달린다. 꽃받침은 끝이 5개로 갈라지고 열편은 선형 또는 피침형으로 끝이 뾰족하다. 화관은 나비모양이다.

열매 협과로 장타원형이며 길이 2~3cm, 너비 7~10mm, 2~8개의 종자가 들어 있다. 종자는 둥글며 흑색이나 간혹 갈색의 반점이 있다.

참고

외래종이다. 유사종인 각시갈퀴나물과 달리 전체에 퍼진 털이 밀생한다.

새팥

Vigna angularis var.
nipponensis (Ohwi) Ohwi
& H.Ohashi

생활형
하계일년생

분포
전국

형태
줄기 가늘고 길며 덩굴성 식물로 타물에 감겨 올라가고 전체에 퍼진 털이 있다.

잎 어긋나고 엽병이 길며 3출엽이고 탁엽은 방패모양이며 밀모가 있다. 정소엽은 난형으로 길이 3~7㎝, 너비 2~5㎝이며 가장자리는 밋밋하나 때로 얕게 3개로 갈라진다.

꽃 8월에 연한 황색으로 피며 잎짬에서 긴 화경이 나와 끝에 2~3개의 꽃이 달린다. 꽃받침은 끝에 5개의 톱니가 있고 화관은 나비모양이며 용골판은 2개가 합쳐져서 나선상으로 꼬이고 암술은 윗부분의 한쪽에 털이 있다.

열매 협과로 길이 4~5㎝, 원주형이며 흑갈색으로 익는다. 종자는 타원형이고 녹갈색이며 흑색 잔점이 있다.

▼ 유식물

▼ 꽃

개미탑

Haloragis micrantha
(Thunb.) R.Br. ex Siebold
& Zucc.

생활형

다년생

분포

제주, 전남, 전북, 경남

형태

줄기 높이 10~30cm로 밑부분에서 가지가 갈라지며 보통 적갈색이 돌고 4릉이 있어 네모진다.

잎 마주나고 상부에서 일부가 어긋나며 엽병은 길이 0.5~1mm이다. 넓은 난형 또는 난형으로 길이 6~15mm, 너비 5~10mm이고 끝은 뾰족하며 밑은 둥글고 가장자리에는 둔한 톱니가 있다.

꽃 7~9월에 황갈색으로 피고 줄기 끝에 길이 3~10cm의 총상화서로 나 전체가 원추형을 이루며 짧은 소화경은 밑으로 굽는다. 꽃받침의 통부는 8개의 맥이 있고 끝이 4개로 갈라지며 꽃잎은 장타원형으로 꽃받침조각보다 2~2.5배 길고 수술은 8개이며 자방은 하위이고 암술머리는 4개이다.

열매 핵과이다.

▼ 화서오

미국좀부처꽃

Ammannia coccinea Rottb.

생활형

하계일년생

분포

전국

형태

줄기 높이 30~80cm로 직립하고 아래쪽에서 가지를 치며 털이 없다.

잎 마주나고 잎자루는 없다. 길이 3~8cm, 너비 0.4~1cm이며 선상 피침형으로 기부는 둥글게 팽창하여 줄기를 감싸고 잎 가장자리는 밋밋하다.

꽃 7~9월에 잎겨드랑이에 2~5개가 모여서 핀다. 꽃자루는 없거나 있어도 1mm이내이다. 꽃받침은 종형이고 4개의 모서리가 있으며 끝은 4열되고 열편 사이에 작은 돌기가 있다. 꽃잎은 4개로 홍자색이다.

열매 구형으로 지름 3~4mm, 종자는 길이 0.3mm정도로 아주 작다.

▼ 꽃

▼ 열매

참고

외래종이다.

여뀌바늘

Ludwigia prostrata Roxb.

생활형

하계일년생

분포

전국

형태

줄기 높이 30~70cm로 곧추 또는 비스듬히 서며 가지가 많이 갈라지고 붉은빛이 돌며 종선이 있다.

잎 어긋나고 엽병은 길이 5~15mm이다. 피침형 또는 장타원상 피침형으로 길이 3~12cm, 너비 1~3cm이며 양끝이 좁고 가장자리는 밋밋하다.

꽃 8~10월에 황색으로 피고 잎짬에 1개씩 달리며 화경은 없다. 꽃받침조각은 4개로 난형이며 꽃잎은 4개로 소형이고 수술도 4개이며 암술은 1개이고 씨방에 누운 털이 약간 있다.

열매 삭과로 선상 원주형이며 길이 1.5~3cm이다. 종자는 해면질 과피로 한쪽이 싸여 있으며 길이 0.9mm정도, 방추형이고 갈색의 종선이 있다.

▼ 유

▼ 생육 초기   ▼ 꽃   ▼

달맞이꽃

Oenothera biennis L.

▼ 유식물   ▼ 유식물

▼ 생육 초기   ▼ 생육 중기

생활형

동계일년생

분포

전국

형태

줄기 높이 30~120cm이고 뿌리에서 1개 또는 여러 대가 나와 곧추 서며 잔털이 밀생한다.

잎 뿌리에서 나는 잎은 로제트를 만들고 줄기에서 나는 잎은 어긋나며 넓은 선형으로 길이 5~15cm, 너비 5~12mm이고 끝은 뾰족하며 밑부분이 직접 줄기에 달리고 가장자리에 얕은 톱니가 있으며 짙은 녹색이고 중앙맥은 희다.

꽃 6~9월에 황색으로 피고 위쪽 잎짬에 1개씩 달리며 저녁에 피었다 아침에 시든다. 꽃받침조각은 4개가 2개씩 합쳐지며 뒤로 젖혀지고 꽃잎은 4개로 끝이 파지며 수술은 8개이고 암술대는 4개로 갈라지며 자방은 원추형으로 털이 있다.

열매 삭과로 곤봉상이며 길이 2~3cm이고 4개로 갈라진다.

참고

외래종이다.

애기달맞이꽃

Oenothera laciniata Hill

생활형

동계일년생

분포

제주

형태

줄기 길이는 20~60cm로 땅 위에 가로로 누웠으며 끝이 위를 향한다.

잎 잎자루가 없거나 뿌리에서 나는 잎에만 짧게 있고 광타원상 피침형으로 길이 2~4cm, 폭 6~12mm이다. 잎끝은 예두 또는 둔두이고 깊은 파상 톱니가 있거나 깃꼴로 분열한다.

꽃 6~7월에 피며 지름 3~5cm로 잎겨드랑이에 달리고 꽃받침의 통부는 길이 2cm 정도이다. 담녹색 열편은 4개로 선상 피침형이며 꽃이 필 때는 뒤로 뒤집힌다. 꽃잎은 4개로 지름 1cm 정도, 담황색이고 시들면 황적색이 된다.

열매 길이 1.8~2.5cm이고 위쪽이 굵으며 털이 있다.

참고

외래종이다.

▼ 생육 초기　　　▼ 꽃　　　▼

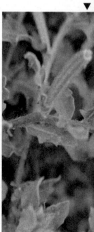

긴잎달맞이꽃

Oenothera stricta Ledeb. ex Link

생활형

다년생

분포

제주

형태

줄기 높이 30~90cm로 곧추선다.

잎 어긋나고 진한 녹색이며 중앙맥이 백색으로 눈에 띈다. 뿌리에서 나는 잎은 선상 피침형으로 길이 7~13cm, 너비 6~10mm, 줄기에서 나는 잎은 피침형이며 위쪽 것은 포엽이 된다.

꽃 5~8월 저녁에 꽃이 피는데 황색이고 지름 5~6cm로 포엽의 겨드랑이에 1개씩 달리며 총상화서를 만든다. 꽃받침의 통부는 길이 2~4cm이고 꽃이 필 때는 뒤집힌다. 꽃잎은 너비 3cm 정도의 넓은 도란형으로, 시들면 황적색이 된다.

열매 곤봉형이고 털이 있으며 길이 2~3cm이다.

참고

외래종이다.

187

제비꿀

Thesium chinense Turcz.

생활형

다년생

분포

전국

형태

줄기 높이 10~30cm로 곧추 서고 흔히 하부에서 분지하며 전체에 털이 없고 흰빛이 돈다.

잎 어긋나고 선형으로 길이 2~4cm, 너비 1~3mm이며 때로 3개로 갈라지고 흰빛이 도는 녹색이다.

꽃 7~8월에 엷은 녹색으로 피며 양성으로 잎짬에 1개씩 나고 꽃대는 짧으며 잎의 하부와 합생한다.

열매 타원상 구형으로 길이 2~2.3mm, 녹색이며 그 속에 1개의 종자가 들어 있고 겉에는 망상의 맥이 있다.

깨풀

Acalypha australis L.

생활형

하계일년생

분포

전국

형태

줄기 높이 30~50cm으로 곧추 서며 분지하고, 전체에 짧은 털 이 있다.

잎 어긋나고 엽병은 1~4cm으로 난형 또는 넓은 피침형으로 길이 3~8cm, 너비 1.5~3cm이다. 밑은 둥글고 끝은 뾰족하다. 막질이고 표면에는 복모가 드문드문 있으 며 뒷면 맥 위에 털이 있다. 가 장자리에 둔한 톱니가 있다.

꽃 7~10월에 갈색으로 피고 자 웅이화이며 잎짬의 작은 가지 끝에 작은 수상화서로 달린다. 화서 기부에는 삿갓모양의 총포 가 있다. 수꽃의 꽃받침은 3개 로 갈라지고 암꽃의 꽃받침은 4 개로 갈라지며 수술은 8개이다.

열매 삭과로 지름 3mm정도의 구 형이며 표면에 털이 있다. 종자 는 넓은 난형으로 흑갈색이며 길이 1.5mm정도이다.

▼ 유묘기

▼ 생육 초기

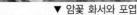

▼ 수꽃 화서

▼ 암꽃 화서와 포엽

등대풀

Euphorbia helioscopia L.

생활형

동계일년생

분포

전국

형태

줄기 높이 20~40cm이고 흔히 밑부분에서 분지하며 윗부분에 긴 털이 드문드문 나고 자르면 유액이 나온다.

잎 어긋나고 엽병이 없으며 주걱상 도란형으로 길이 1~3cm, 너비 6~20mm이다. 끝이 둥글거나 오목하며 밑은 점차 좁아지고 가장자리에 잔 톱니가 있다. 화서 밑에 5개의 잎이 윤생하고 총포엽은 넓은 도란형으로 약간 작다.

꽃 4~5월에 황록색으로 피고 줄기 끝에 산형화서로 달리며 화경 끝에 빽빽하게 난다. 소총포는 황록색이며 합쳐져서 단지처럼 되고 4개의 선체가 있으며 선체는 타원형이다.

열매 삭과로 지름 3mm정도이며, 종자는 길이 1.8~2mm으로 갈색이며 그물모양의 무늬가 있다.

▼ 생육

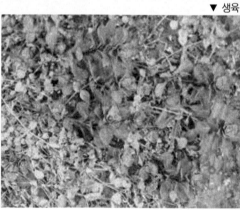

▼

▼ 개화기

화서와 열매

땅빈대

Euphorbia humifusa Willd. ex Schltdl.

생활형

하계일년생

분포

전국

형태

줄기 길이 10~25cm로 아래 부분에서 많은 가지를 쳐서 땅 표면을 따라 뻗는다. 가지는 보통 2개씩 갈라지며 붉은빛이 돌고 털이 약간 있다.

잎 마주나고 수평으로 퍼져서 두 줄로 배열하고 엽병은 극히 짧다. 장타원형으로 길이 7~15mm, 너비 3~7mm이고 양끝이 둥글며 밑부분의 한쪽이 좁고 가장자리에 잔 톱니가 있다. 표면은 청록색이고 뒷면은 회록색이다.

꽃 6~9월에 연한 적자색으로 피고 가지 끝과 잎짬에 달린다. 종형의 소총포 가장자리의 선체는 옆으로 퍼진 타원형이고 부속체가 달려 있다.

열매 삭과로 3개의 능선이 있고 평활하며 털이 없다. 종자는 난형이며 길이 0.7mm정도로 회갈색이다.

참고

유사종인 애기땅빈대에 비해 잎에 반점이 없으며 과실에 털이 없다.

큰땅빈대

Euphorbia maculata L.

생활형

하계일년생

분포

전국

형태

줄기 높이 20~60cm이고 가지를 친다. 어릴 때는 털이 있으나 성숙하면 털이 없다.

잎 마주나고 장타원형으로 길이 1.5~3.5cm, 너비 0.6~1.2cm이고, 기부는 비대칭을 이룬다. 표면은 청록색이며 뒷면은 백록색이다.

꽃 6~9월에 피고 가지의 분기점과 가지 끝에 성기게 달린다. 총포는 도원추형으로 4개의 녹색 선체가 있다.

열매 난형체로 3실이고 지름 1.8mm정도로 털이 없고 밋밋하다. 종자는 난형이고 길이 1~1.4mm으로 둔한 4개의 모서리가 있고 표면에 옆으로 희미한 주름실이 있다.

▼ 생육 초기

▼ 화서와

참고

외래종이다.

애기땅빈대

Euphorbia supina Raf.

생활형
하계일년생

분포
전국

형태
줄기 길이 10~25cm이고 지면을 따라 사방으로 퍼진다. 잎과 더불어 털이 약간 있으며 암홍색이다.

잎 마주나고 장타원형으로 길이 5~10mm, 너비 2~4mm이며 양 끝이 둥글고 상반부 가장자리에 잔 톱니가 있다. 중앙부에 붉은 빛이 도는 갈색의 반점이 있다.

꽃 6~7월에 홍색으로 피고 잎 짬에 배상화서로 달린다. 술잔처럼 생긴 총포속에 1개의 수술로 된 수꽃과 1개의 암술로 된 암꽃이 들어 있고 겉에 짧은 털이 있다.

열매 삭과로 지름 1.8mm정도이고 3개의 둔한 능선이 있다. 겉에 털이 있으며 화서 밖으로 길게 나와 옆으로 처진다. 종자는 난형으로 4개의 모서리가 있으며 길이 0.8mm정도이고 옅은 적갈색이다. 가로로 평행인 골이 져 있다.

▼ 유식물

▼ 생육 초기

참고
외래종이다. 유사종인 땅빈대에 비해 잎의 중앙에 적갈색 반점이 있고 과실에 털이 있다.

여우구슬

Phyllanthus urinaria L.

생활형

하계일년생

분포

제주, 전남, 전북

형태

줄기 높이 10~50cm으로 곧추 서고 보통 붉은빛이 난다. 밑부분에 도란상 삼각형의 잎 몇개가 있을 뿐이다. 가지는 길이 5~12cm이고 좁은 날개가 있다.

잎 좌우에 어긋나고 마치 우상복엽 같이 보인다. 엽병은 아주 짧고 도란상 장타원형 또는 장타원형으로 길이 7~17mm, 너비 3~7mm이고 양끝은 거의 둥글다. 뒷면은 흰빛이 돌고 가장자리는 밋밋하다.

꽃 7~9월에 적갈색으로 피고 잎짬에 달리며 화경은 거의 없다. 자웅일가이며 꽃받침조각은 6개이고 수술은 3개이다.

열매 삭과로 편구형이고 지름 2.5mm정도로 적갈색이며 익으면 3개로 갈라진다. 종자는 길이 1.2mm정도이고 주름이 있다.

▼ 생육 초기

▼ 생육

▼

여우주머니

Phyllanthus ussuriensis
Rupr. & Maxim.

생활형
하계일년생

분포
전국

형태
줄기 높이 10~50cm이고 하부로부터 가지가 갈라지며 가지 한쪽에 좁은 날개가 있거나 줄이 있다.

잎 어긋나고 엽병은 거의 없으며 장타원형 또는 피침형으로 길이 7~20mm, 너비 3~6mm이다. 엽두는 뾰족하고 엽저는 둥글며 가장자리는 밋밋하다. 뒷면은 다소 흰빛이 돈다.

꽃 6~7월에 황록색으로 피고 잎짬에 1개씩 달린다. 자웅일가로 암꽃은 꽃받침조각이 6개이고 장타원형이며 열매일 때는 뒤로 젖혀진다. 수꽃은 4~5개의 꽃받침조각, 2개의 수술과 4개의 선체가 있다.

열매 삭과로 편구형이며 지름 2.5mm정도, 길이 1~4mm의 자루가 있고 연한 황록색이다. 종자는 길이 1.2mm정도이고 황갈색이다.

▼ 열매

거지덩굴

Cayratia japonica (Thunb.) Gagnep.

생활형

다년생

분포

제주, 전남, 경남, 경북(울릉도)

형태

줄기 덩굴성으로 지하경은 옆으로 길게 벋어 새싹이 군데군데에서 나오고 줄기에는 능선이 있다. 녹자색이고 마디에 털이 있으며 왕성하게 퍼진다.

잎 어긋나고 화서가 나는 마디에서는 마주나며 새발모양의 복엽으로 소엽은 5개이다. 덩굴손은 잎과 마주난다. 소엽은 난형 또는 장란형이고 중앙 소엽은 소엽병과 더불어 길이 4~8cm, 너비 2~3cm이며 가장자리에 톱니가 있고 표면 맥 위에 털이 있다.

꽃 7~8월에 황록색으로 피고 잎짬에 산방상 취산화서로 달리며 4수성이다.

열매 장과로 구형이며 검게 익는다.

▼ 화서

▼

▼ 꽃

덩이괭이밥

Oxalis articulata Savigny

생활형
다년생

분포
제주, 전남, 경남, 인천

형태
줄기 덩이줄기가 있다.

잎 뿌리에서 나온 잎은 3개의 소엽으로 이루어진다. 소엽은 도심장형으로 길이 1.7~3.5cm이고 끝이 요두이며 기부는 예저이다. 소엽의 뒷면에는 황적색의 작은 점이 흩어져 있다. 엽병은 화경보다 짧다.

꽃 5~9월에 피며 지름 1.5cm이고 담적색으로 3~25개의 꽃이 산형화서로 달린다. 꽃받침은 5개이고 끝 부분에 황적색의 사마귀 모양의 점이 2개 있다. 수술은 10개로 바깥쪽 5개는 짧고 안쪽의 것은 길며 수술대에 털이 있고 꽃밥은 황색이다.

열매 삭과이다.

참고
외래종이다.

괭이밥

Oxalis corniculata L.

생활형

다년생

분포

전국

형태

줄기 길이 10~30cm으로 땅 위로 벋거나 비스듬히 자라고 가지가 많이 갈라진다.

잎 어긋나고 긴 엽병 끝에 3개의 소엽이 옆으로 퍼지나 광선이 없을 때는 오므라든다. 소엽은 도심장형으로 길이 1~2.5cm, 너비 1~2.5cm이고 가장자리, 뒷면, 원줄기에 털이 약간 있다.

꽃 봄부터 가을까지 황색으로 계속 핀다. 산형화서로 잎짬에서 긴 화경이 나와 끝에 1~8개의 꽃이 달리고 지름이 8mm정도이다. 꽃잎과 꽃받침조각은 각각 5개이고 수술은 10개이다. 포는 선형 또는 피침형이다.

열매 삭과로 원주형이다. 종자는 렌즈모양으로 양쪽에 옆으로 주름살이 진다.

▼ 유

▼ 자주색 잎　　　　▼ 꽃과

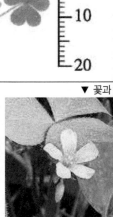

선괭이밥

Oxalis stricta L.

생활형

다년생

분포

전국

형태

줄기 높이 20~40cm으로 곧추서고 근경이 지하로 길게 벋으며 인편이 드문드문 나고 그 끝에서 지하경으로 된다. 줄기, 잎자루, 꽃자루 그리고 잎의 뒷면에 잔털이 있다.

잎 어긋나고 긴 엽병 끝에서 3개의 소엽이 옆으로 퍼진다. 소엽은 도심장형이고 밑은 넓은 쐐기모양이며 가장자리는 밋밋하다. 연모가 있으며 탁엽은 현저하지 않다.

꽃 6~10월에 황색으로 피고 산형화서로 잎짬에서 나온 긴 화경 끝에 1~3개의 꽃이 달려며 지름 8mm이다. 포는 화경의 상부에 있다. 꽃잎과 꽃받침조각은 5개로 타원형이며 수술은 10개이다.

열매 삭과로 원주형이고 길이 1.5~2cm로 전체에 털이 있다. 종자는 광란형이며 길이 1.5~2mm이다.

▼ 꽃　　　　　　　　　　　▼ 열매

참고

유사종인 괭이밥에 비해 줄기가 직립하고 근경이 있으며 꽃은 1~3개씩 달린다.

미국쥐손이

Geranium carolinianum L.

생활형

하계일년생

분포

중부이남

형태

줄기 높이 20~40cm이며 연모와 함께 회색의 선모가 간혹 있다.

잎 마주나고 콩팥꼴 또는 원형으로 폭이 3~7cm이고 5~9개의 열편으로 심열된다. 열편은 장타원형으로 조거치가 있다.

꽃 5~8월에 담홍색 또는 백색으로 피며 꽃자루에 2개의 꽃이 달리고 지름은 8~13mm이다. 꽃받침은 난형이며 길이 1cm 정도로, 섬모가 있고 끝에 짧은 까락이 있다. 꽃잎은 도란형이며 길이 1cm 정도이고 수술 10개, 암술 1개이다.

열매 길이 1.7~2cm로 미모로 덮여 있다. 종자는 난상 장타원형으로 길이 2mm정도이고 미세한 망목무늬가 있다.

참고

외래종이다.

▼ 꽃

▼ 화서와

쥐손이풀

Geranium sibiricum L.

생활형

다년생

분포

전국

형태

줄기 길이 30~80㎝로 비스듬히 또는 옆으로 벋으며 엽병과 더불어 밑을 향한 털이 있다.

잎 마주나고 엽병이 길며 장상으로 3~5개로 깊이 갈라지고 너비 4~7㎝이다. 표면에 털이 있다. 열편은 피침상 난형으로 끝이 뾰족하며 가장자리에는 우상으로 결각이 있다. 탁엽은 서로 떨어지고 장타원상 피침형이다.

꽃 6~8월에 연한 홍색 또는 홍자색으로 피며 잎짬에서 긴 화경이 나와 위쪽은 1개, 아래쪽은 2개씩의 꽃이 달린다. 소화경은 꽃이 핀 뒤에 굽으며 꽃잎과 꽃받침조각은 각각 5개이다.

열매 삭과로 5개로 갈라진다.

▼ 꽃(측면)

▼ 꽃(정면)

물봉선

Impatiens textori Miq.

생활형

하계일년생

분포

전국

형태

줄기 높이 40~80cm이고 곧게 자란다. 보통 홍색을 띠고 마디가 튀어 나와 있다.

잎 어긋나고 넓은 피침형으로 길이 6~15cm, 너비 3~7cm이며 가장자리에 예리한 톱니가 있다.

꽃 8~9월에 홍자색으로 피고 가지 윗부분에 총상화서로 달린다. 소화경과 화서축은 밑으로 굽고 홍갈색의 선모가 있다. 꽃잎은 3개로 측생의 것은 2열하며 2개로 갈라지며 거는 끝이 안으로 말린다.

열매 삭과이고 피침형으로 길이 1~2cm이며 성숙하면 터진다.

▼ 꽃

▼ 피해 전경

송악

Hedera rhombea (Miq.) Siebold & Zucc. ex Bean

생활형

다년생

분포

제주, 전남북, 경남북, 충남

형태

덩굴성 상록활엽 관목이며 기근이 나와 다른 물체에 붙는다. 어린 경엽과 화서는 황갈색을 띠며 성상 인모가 있으나 잎의 것은 곧 없어진다.

잎 어긋나고 어린가지의 것은 3~5각형으로 약간 얕게 갈라진다. 다 자란 가지의 것은 엽병의 길이 2~5cm이며 난원형 또는 난상 피침형으로 길이 3~7cm, 너비 2~4cm이고 양끝이 좁아지며 혁질로 가장자리가 밋밋하다.

꽃 10월에 황록색으로 피고 가지 끝에 산형화서가 취산상으로 달린다. 소화경은 길이 1~1.5cm이다. 꽃받침은 가장자리가 밋밋하거나 5개의 톱니가 있고 꽃잎은, 수술, 암술대는 각각 5개이며 씨방은 5개이다.

열매 핵과로 구형이며 지름 8mm 정도이다. 다음해 봄에 검게 익는다.

유럽전호

Anthriscus caucalis
M.Bieb.

생활형
동계일년생

분포
제주, 경기, 충남, 경북(울릉도)

형태
줄기 높이 15~80cm이다.

잎 긴 엽병이 있고 엽병의 기부가 엽초로 이루어지며 엽초 주변에 털이 있다. 삼각상 난형이고 3회 우상 복엽이며 최종 열편은 난형으로 길이 3~8mm 이다.

꽃 5~6월에 백색으로 핀다. 산형화서는 잎과 마주나며 3~7개의 큰 꽃자루가 있고 다시 작은 꽃자루가 5~7개 생기며 지름이 2mm정도이다. 기부에 소포엽이 달린다.

열매 난형이고 길이 3~4mm이며 표면에 굽은 털이 밀생하고 2개의 분과로 이루어져 있다. 분과의 끝에 작은 갈고리 모양의 돌기가 달린다.

참고
외래종이다.

솔잎미나리

Apium leptophyllum
F.Muell. ex Benth.

생활형

하계일년생

분포

제주도

형태

줄기 높이 15~70cm이고 곧추서며 가지를 치며 전체에 털이 없다.

잎 어긋나고 2~4회 우상 전열한다. 엽병의 기부는 날개 모양이며 줄기를 둘러싼다. 아래쪽 잎의 열편은 폭 0.5~1mm로 선상 피침형이다. 위쪽 잎의 열편은 실모양으로 너비 0.2mm정도이다.

꽃 7~9월에 백색으로 피며 줄기 끝이나 잎짬에 2~3개의 산형화서가 달린다. 산형화서는 너비 1cm정도로 작은 꽃 8~12개로 이루어진다. 꽃잎은 5개로 타원형이고 수술은 5개이다.

열매 편구형 또는 타원체로 길이 1.5~2mm, 폭 1.5mm정도이다.

▼ 생육 초기

▼ 화서

참고

외래종이다.

병풀

Centella asiatica (L.) Urb.

생활형

다년생

분포

제주, 전남, 경남

형태

줄기 옆으로 벋고 마디에서 뿌리를 내리며 이에 인접한 곳에 2개의 비늘 같은 퇴화엽이 있다.

잎 마디에서 1~4개씩 모여 나고 엽병은 4~20cm이며 신원형으로 지름이 2~5cm이다. 엽저는 깊은 심장형이고 가장자리에 둔한 톱니가 있다. 어릴 때에는 연모가 드문드문 있다.

꽃 6~8월에 홍자색으로 피고 잎짬에서 2~8mm의 화경이 나와 2~5개의 꽃이 달린다. 소화경은 극히 짧거나 없다. 총포편은 2개로 난형이고 화서를 둘러싸며 끝까지 남는다. 꽃잎과 수술은 각각 5개이고 꽃밥은 흑자색이며 암술대는 2개이고 자방은 하위이다.

열매 분과로 편평한 원형이며 길이 2~3mm이다.

▼ 생육

선피막이

Hydrocotyle maritima
Honda

생활형

다년생

분포

전국

형태

줄기 높이 5~15cm이고 지상으로 벋으며 마디에서 뿌리를 내려 이리저리 벋고 줄기 끝이 비스듬히 서거나 가지가 비스듬히 나가 꽃이 달린다.

잎 어긋나고 엽병은 길며 기부에 엽초가 있다. 원심장형으로 지름이 2~3.5cm이며 장상으로 5~7개로 깊이 갈라진다. 열편은 도란상 넓은 쐐기모양으로 다시 얕게 갈라지며 몇 개의 톱니가 있다.

꽃 6~9월에 백색으로 피고 산형화서는 잎과 마주나며 엽병보다 짧고 소화경은 거의 없다. 꽃잎과 수술은 각각 5개이고 암술은 1개이다.

열매 분과로 편평한 원형이고 10여개가 한군데 모여 달린다.

제주피막이

Hydrocotyle yabei Makino

생활형

다년생

분포

제주

형태

줄기 전체가 지상으로 벋으며 마디에서 뿌리를 내린다. 가을에 줄기 끝이 땅속으로 들어가 백색의 비대한 월동이를 만들며 다른 부분은 말라 죽는다.

잎 어긋나고 엽병은 길이 7~20 mm이며 원형으로 지름이 6~15 mm이다. 엽저는 넓게 벌어지고 5~7개로 중렬하며 톱니가 있다. 탁엽은 지름 1.2mm정도로서 얇은 막질이다.

꽃 6~9월에 백색으로 피고 잎짬에서 화경이 나와 그 끝에 달린다. 화경은 엽병과 길이가 비슷하고 소화경은 없다. 꽃잎과 수술은 각각 5개이고 자방하위이다.

열매 분과로 편구형이며 2~4씩 달린다.

미나리

Oenanthe javanica (Blume)
DC.

생활형

다년생

분포

전국

형태

줄기 높이 20~80㎝으로 밑이 약간 벋어 나가다 선다. 지하경을 길게 내며 전체에 털이 없고 향기가 있다.

잎 어긋나고 엽병은 위로 갈수록 짧아지며 3각형 또는 사각상 난형으로 길이 7~15㎝이다. 1~2회 우상복엽하고 최종열편은 난형으로 길이 1~3㎝, 너비 7~15㎜이며 끝이 뾰족하고 불규칙한 톱니가 있다.

꽃 7~9월에 백색으로 피고 복산형화서는 줄기 끝 부근에서 잎과 마주난다. 소산경은 5~15개이고 각각 10~25개의 꽃이 달린다. 소총포편은 선형으로 화경보다 약간 길다. 꽃은 5수성이고 자방 하위이다.

열매 분과로 타원형이다.

▼ 생육 초기

▼ 생육 중기

▼ 화시와 꽃

개발나물

Sium suave Walter

생활형

다년생

분포

전국

형태

줄기 높이 50~100cm이며 곧추 선다. 전체에 털이 없고 속이 비어 있으며 위쪽에서 갈라진다. 근경은 짧고 뿌리는 백색이다.

잎 어긋나고 엽병은 기부가 엽초로 되며 우상복엽이고 소엽은 7~17개이고 선형 또는 피침형으로 길이 5~15cm, 너비 7~15mm이다. 가장자리에 예리한 톱니가 있고 위로 갈수록 작아진다.

꽃 8월에 백색으로 피고 복산형화서는 가지와 줄기 끝에 달린다. 소산경은 10~20개이고 각각 10여 개의 꽃이 달리며 5수성이고 자방하위이다. 총포화와 소총포는 각각 5~6개로 선형이고 뒤로 젖혀진다.

열매 분과로 타원형이다.

사상자

Torilis japonica (Houttuyn) DC.

생활형

동계일년생

분포

전국

형태

줄기 높이 30~70cm로 곧게 자란다. 전체에 짧은 복모가 있다.

잎 어긋나고 2~3회 우상으로 갈라지며 하부의 경엽은 난상 3각형으로 길이 5~10cm이다. 최종열편은 좁은 난형으로 우상으로 갈라지며 위쪽의 경엽은 약간 소형으로 엽병이 없고 끝이 뾰족하다.

꽃 6~8월에 백색으로 피고 복산형화서는 줄기와 가지 끝에 달린다. 소산경이 5~9개로 갈라지며 그 길이는 1~3cm이며 6~20개의 꽃이 빽빽하게 달린다. 소화경은 길이 2~4mm이다. 총포편은 4~8개로 선형이며 길이 1cm로 소총포는 소화경에 붙어 있다.

열매 분과이며 난형이고 길이 2.5~4mm이며 짧은 가시가 있어 다른 물체에 잘 붙는다.

박주가리

Metaplexis japonica
(Thunb.) Makino

생활형

다년생

분포

전국

형태

줄기 길이 3m이상에 달하고 년출성이다. 자르면 백색 유액이 나오며 지하경이 길게 벋어 번식한다.

잎 마주나고 엽병은 길이 2~5cm이며 장란상 심장형으로 길이 5~10cm, 너비 3~6cm이다. 엽두는 뾰족하고 엽저는 깊은 심장형이며 가장자리는 밋밋하다. 뒷면은 분록색이다.

꽃 7~8월에 연한 자색으로 피고 총상화서는 잎짬에 달린다. 화경이 있고 꽃받침은 밑부분까지 깊게 갈라진다. 화관은 5개로 갈라지고하고 열편은 끝이 뒤로 말리며 안쪽에 털이 밀생한다.

열매 골돌과로 표주박 같은 넓은 피침형이고 길이 8~10cm, 너비 2cm정도이다. 표면에 사마귀 같은 돌기가 있다. 종자는 좁은 날개가 있으며 끝에 백색의 긴 털이 있다.

▼ 유

▼ 생육 초기　　　　▼ 화서

털독말풀

Datura meteloides DC. ex Dunal

생활형

다년생

분포

전국

형태

줄기 높이 100cm이고 많은 가지를 치며 미세한 털이 밀생한다.

잎 어긋나고 넓은 난형이며 길이 8~18cm, 너비 5~10cm이다. 엽두는 예두이고 엽저는 왜저이며 가장자리에 톱니가 없다. 뒷면에 털이 많다.

꽃 8~10월에 백색으로 피고 잎짬에 1개씩 달린다. 꽃받침은 긴 통형으로 길이 8~10cm이고 끝은 5개로 갈라지며 10맥이 있다. 깔때기꼴 화관은 길이 20cm이며 밤에 핀다. 수술은 5개로 길이 15cm이다.

열매 공 모양이고 지름 3~4cm이다. 아래쪽으로 늘어지며 같은 크기의 가시가 밀생한다. 종자는 지름 5mm정도이고 편평하며 갈색이다.

▼ 꽃

▼ 열매

참고

외래종이다. 유사종인 흰독말풀 독말풀과 달리 식물체 전체에 미세한 털이 밀생한다.

213

독말풀

Datura stramonium var.
chalybaea W.D.J. Koch

생활형

하계일년생

분포

전국

형태

줄기 높이 100~200cm이고 곧추 선다. 가지가 많이 갈라지며 자색이 돈다.

잎 어긋나고 엽병이 길며 난형으로 길이 8~18cm, 너비 4~10cm이다. 엽두는 뾰족하고 가장자리에 불규칙한 결각상의 톱니가 있으며 양면에 털이 없다.

꽃 6~9월에 연한 자색으로 피고 잎짬에 1개씩 달린다. 꽃받침은 5개의 능선이 있는 통형으로 길이 2.5~3cm, 끝이 5열한다. 화관은 깔때기모양으로 길이 8cm 내외이고 가장자리가 5개로 약간 갈라지며 열편의 끝이 꼬리처럼 길고 뾰족한 돌기가 있으며 오후에 핀다.

열매 삭과로 난형이며 길이 3cm 정도이다. 표면에 가시 같은 돌기가 밀생하고 4개로 갈라진다.

▼ 유식물

▼ 꽃과

참고

외래종이다. 유사종인 흰독말풀에 비해 줄기가 약간 자색을 띤다. 꽃은 연한 자색으로 작다. 열매는 난형이고 종자는 흑색이다.

▼ 결실기

땅꽈리

Physalis angulata L.

생활형

하계일년생

분포

제주, 전남, 경북(울릉도),

형태

줄기 높이 15~40cm로 곧추 서고 가지가 많이 갈라져서 옆으로 퍼지고 짧은 털이 있다.

잎 어긋나고 엽병은 길며 넓은 난형으로 길이 2~7cm, 너비 1.2~5cm이다. 엽두는 뾰족하고 엽저는 둥글며 가장자리에 큰 톱니가 약간 있거나 없다.

꽃 6~9월에 황백색으로 피고 잎짬에 1개씩 달린다. 화경은 길이 1cm 정도이고 밑으로 드리운다. 꽃받침은 짧은 통형으로 잔털이 밀생하고 꽃이 필때에는 중렬하며 열매가 달릴 때에는 커져서 과실을 싼다. 화관은 지름이 5~8mm이고 가장자리가 5각형으로 되며 수술은 5개이다.

열매 구형으로 지름 1cm정도이다. 주머니모양으로 비대한 꽃받침에 싸여 있다.

▼ 생육 초기

▼ 꽃

▼ 열매

참고

외래종이다. 유사종인 노랑꽃땅꽈리와는 달리 꽃 안쪽의 기부에 짙은 자색무늬가 있다.

노랑꽃땅꽈리

Physalis wrightii A.Gray

생활형

하계일년생

분포

제주

형태

줄기 높이 20~100cm이다.

잎 어긋나고 장타원형 또는 난형으로 길이가 2~9cm이다. 가장자리에 6쌍 내외의 깊게 파인 거치가 있다.

꽃 6~9월에 담황색 또는 백색으로 피며 잎짬에 달린다. 꽃받침은 종형으로 길이가 3~5mm이다. 화관은 위에서 보면 둔한 오각형으로 지름이 10~12mm이고 안쪽에 황색의 둥근 무늬가 있다. 수술은 5개로 꽃잎은 통부 안쪽에 붙어 있고 꽃밥은 자주색을 띈다.

열매 이 시기에 꽃받침은 난형이며 길이가 2~3cm로 막질이고 끝이 뾰족하고 짙은 자색의 맥이 뚜렷하게 나타나며 열매를 싸고 있다.

▼ 꽃

▼

참고

외래종이다.

미국까마중

Solanum americanum Mill.

생활형

하계일년생

분포

전국

형태

줄기 길이 30~60cm이다. 옆으로 퍼지고 가늘며 털이 없다.

잎 어긋나고 난형 또는 장타원형으로 길이 2~4cm, 너비 1~2.5cm이다. 가장자리에 톱니가 없거나 파상 또는 약간의 톱니가 있다.

꽃 6~10월에 백색으로 피며 산형화서는 마디와 마디 사이에 달리고 화경이 나와 2~4개의 꽃이 달리며 지름은 4~5mm이다. 소화경은 길이 5~8mm이다. 꽃받침 열편은 5개로 장타원형이고 끝이 뾰족하다. 수술대와 암술대는 털이 있고 꽃밥은 길이 1.5mm정도이다.

열매 구형이고 지름 5~8mm로 광택이 있고 아래를 향해 매달린다.

▼ 화서와 꽃   ▼ 열매

참고

외래종이다. 유사종인 까마중과 달리 2~5개의 꽃으로 이루어진 산형화서이다.

도깨비가지

Solanum carolinense L.

생활형

다년생

분포

전국

형태

줄기 높이 40~100cm로 곧추 선다. 가지가 갈라지며 마디 부분이 꺾여 진 것 같이 구부러졌고 4~8갈래의 성상모와 예리한 가시가 있다. 근경은 길게 옆으로 벋는다.

잎 어긋나고 엽병이 있고 장타원형 또는 난형이며 길이 7~15cm, 너비 4~8cm이다. 엽두는 뾰족하고 엽저는 주걱모양이며 가장자리에는 소수의 파상 톱니가 있다. 양면에 성상모가 있으며 뒷면 주맥 위에 기부가 넓고 예리한 가시가 있다.

꽃 5~10월에 백색 또는 연한 자색으로 핀다. 총상화서로 화경은 줄기에 측생하고 3~10개의 꽃이 달리며 지름은 2.5cm정도이다. 꽃받침은 5개로 깊게 갈라지고 열편은 끝이 뾰족하다. 화관은 지름이 1.8cm정도이고 5열한다.

열매 장과로 구형이며 황색으로 익는다.

▼ 지하경에서 출현한 유묘

참고

외래종이다.

▼ 감은 모습

▼ 화서와 꽃

배풍등

Solanum lyratum Thunb.

생활형

다년생

분포

전국

형태

줄기 길이 3m에 달하며 끝이 덩굴같이 되고 전체에 다세포의 선모가 많다. 기부만이 월동한다.

잎 마주나고 난형 또는 장타원형이다. 아래쪽 잎은 길이 3~10cm, 너비 2~6cm로 엽두는 뾰족하고 엽저는 심장형이다. 가장자리는 밋밋하거나 1~2쌍의 열편이 갈라진다.

꽃 8~9월에 백색으로 피고 원추상 취산화서는 잎과 마주 나거나 마디 사이에 달린다. 꽃받침은 얕게 5개로 갈라지고 열편은 낮은 3각형이다. 화관은 5개로 깊게 갈라지고 열편은 뒤로 젖혀진다.

열매 장과로 구형이고 지름 8mm 정도이며 붉게 익는다.

까마중

Solanum nigrum L.

생활형

하계일년생

분포

전국

형태

줄기 높이 20~60cm이고 곧추 선다. 가지가 옆으로 많이 퍼지 며 능선이 약간 있으며 전체에 거의 털이 없다.

잎 어긋나고 엽병은 길이 1~5 cm로 날개가 있으며 넓은 난형 으로 길이 3~10cm, 너비 2~6cm 이다. 엽두는 둔하거나 뾰족하 고 엽저는 둥글거나 넓은 쐐기 모양이다. 가장자리는 밋밋하거 나 파상의 톱니가 있다.

꽃 5~10월에 백색으로 피고 산 형화서는 마디 사이에서 화경 이 나와 3~8개가 달린다. 소화 경은 길이 7~12mm이다. 꽃받침 은 얕게 5개로 갈라지고 화관은 5개로 깊게 갈라져 옆으로 퍼진 다. 수술은 5개, 암술은 1개이다.

열매 장과로 구형이고 지름 6~ 7mm이며 검게 익는다.

▼ 유

▼ 열매(성숙 전)

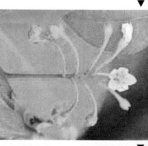

▼ 화서　　　　　　　　　　　　　　　　　　▼ 꽃

털까마중

Solanum sarrachoides
Sendtn.

생활형

하계일년생

분포

전남(돌산도), 인천(남항), 경기
도, 강원도

형태

줄기 높이 10~30㎝로 곧추 서
거나 땅에 비스듬히 자란다.

잎 엽병은 길이 1.5~4㎝이고
난형으로 길이 3~4.5㎝, 너비
2~3.8㎝이다. 가장자리는 파상
톱니가 있으며 양면에 선모가
있다.

꽃 7~9월에 백색으로 피며 취
산화서는 잎짬에서 나와 3~9개
의 꽃이 달리고 지름 8~10mm이
다. 화관은 5개로 갈라지며 꽃받
침은 선모가 밀생하고 열편은 꽃
이 필 때는 길이 3mm정도, 열매
일 때는 길이 5mm정도까지 자라
열매와 거의 같은 길이가 된다.

열매 지름 6~7mm로 구형이고
아래를 향한다. 익으면 녹색 또
는 자갈색이 된다. 종자는 지름
2mm로 납작하다.

참고

외래종이다. 식물체 전체에 선
모가 있어서 끈적거린다.

221

선메꽃

Calystegia dahurica (Herb.)
Choisy

생활형

다년생

분포

전국

형태

줄기 높이 60cm에 달하고 곧추 또는 비스듬히 서며 털이 있다.

잎 어긋나고 피침형으로 길이 5~7cm, 너비 2cm정도이다. 엽두 는 둔하게 뾰족하고 엽저는 화 살촉 모양으로 양쪽 귀가 약간 넓다. 줄기와 잎 양면에 짧은 견모가 있으나 점차 없어지고 줄기의 것만 남는다.

꽃 6~8월에 연한 홍색으로 피 고 잎짬에 1개씩 달린다. 화경 은 길이 2.5cm정도이고 2개의 포 는 꽃 밑에 마주나며 장란형이 다. 화관은 지름이 약 4cm정도이 고 깔때기 모양이며 낮에 열리 고 수술은 5개이다.

열매 삭과로 구형이다.

▼ 생육

참고

메꽃속 유사종들에 비해 줄기는 다소 곧추서며 전체에 짧은 털 이 있다.

▼ 꽃　　　　　　　▼ 화경 상부의 주름진 날개

애기메꽃

Calystegia hederacea Wall.

생활형

다년생

분포

전국

형태

줄기 덩굴성으로 다른 물체에 감겨 올라간다. 지하경은 백색이고 길게 벋으면서 군데군데서 순이 나온다.

잎 어긋나고 엽병은 길이 2~5cm이며 피침상 3각형으로 길이 4~6cm, 너비(밑부분) 3~6cm이다. 엽두는 뾰족하고 엽저는 약간 심장형이며 양쪽의 측편은 퍼지고 보통 2열한다.

꽃 6~8월에 연한 홍색으로 피고 잎짬에서 길이 2~5cm의 화경이 나와 그 끝에 1개씩 달린다. 화경 상부에 주름이 진 좁은 날개가 있고 포는 삼각상 난형으로 길이 1~2cm이다. 꽃받침은 5개로 갈라져있다. 화관은 깔때기모양이며 지름이 3~4cm이고 수술은 5개이며 보통 열매는 맺지 않는다.

열매 삭과로 난구형이며 황갈색으로 길이 1cm이다.

참고

화경 상부에 주름이 진 날개가 있는 점이 특징이다.

223

큰메꽃

Calystegia sepium (L.)
R.Br.

생활형

다년생

분포

전국

형태

줄기 길이 20~70cm로 덩굴성으로 다른 물체에 감긴다.

잎 어긋나고 엽병은 길이 3~5cm이며 삼각상 난형 또는 삼각형으로 길이 4~8cm, 너비 3~7cm이다. 엽두는 뾰족하고 엽저는 옆으로 퍼져서 각각 2개로 갈라지는 심장형이다. 가장자리는 밋밋하다.

꽃 6~8월에 연한 홍색 또는 거의 백색으로 피고 잎짬에서 길이 4~6cm의 화경이 나와 그 끝에 1개씩 달린다. 포는 2개로 녹색이고 난형이다. 꽃받침은 5개로 갈라지며 포보다 짧고 화관은 깔때기모양이며 길이 5~6cm이고 통부가 굵다.

열매 삭과로 난구형이며 황갈색이다.

▼ 유식물

▼ 생육

▼ 생육 중기

메꽃

Calystegia sepium var. *japonicum* (Choisy) Makino

생활형

다년생

분포

전국

형태

줄기 덩굴성으로 지하경이 사방으로 길게 벋으며 군데군데에서 순이 나오고 줄기는 다른 물체에 감긴다.

잎 어긋나고 엽병은 길이 1~4cm이며 장타원상 피침형으로 길이 5~10cm, 너비 1~4cm이다. 기부의 측편을 포함하면 2~7cm이고 엽두는 둔하며 엽저는 화살촉모양이다. 측편은 보통 갈라지지 않는다.

꽃 6~8월에 연한 홍색으로 피고 잎짬에서 길이 3~6cm의 화경이 나와 그 끝에 1개씩 달린다. 2개의 포는 녹색이고 난형이다. 꽃받침은 5개로 갈라진다. 화관은 지름이 약 5cm정도이며 깔때기 모양이고 수술은 5개이며 흔히 과실은 맺지 않는다.

열매 삭과로 구형이다.

▼ 유식물

▼ 생육 초기

▼ 꽃

갯메꽃

Calystegia soldanella (L.)
Roem. & Schultb

생활형

다년생

분포

전국

형태

줄기 덩굴성으로 갈라져서 지상으로 벋거나 다른 물체에 감겨 올라간다.

잎 어긋나고 엽병은 길이 2~5cm이며 신심장형으로 길이 2~4cm, 너비 3~5cm이다. 두껍고 털이 없으며 광택이 있고 엽두는 둥글며 엽저는 깊은 심장형이다. 가장자리는 때로 물결모양의 요철이 있다.

꽃 5~6월에 연한 홍색으로 피고 잎짬에서 화경이 나와 그 끝에 1개씩 달린다. 포는 넓은 난상 3각형이다. 보통 꽃받침보다 짧고 총포처럼 꽃받침을 둘러싼다. 화관은 지름이 4~5cm이고 수술은 5개이다.

열매 삭과로 구형이며 길이 1.5cm정도이다. 꽃받침에 싸여 있고 종자는 흑색이다.

▼ 생육

참고

주로 해변 근처에서 자란다.

서양메꽃

Convolvulus arvensis L.

생활형

다년생

분포

전북(군산), 인천, 서울, 경북(울릉도)

형태

줄기 길이는 1~2m이고 덩굴로 벋는다.

잎 어긋나고 난형이며 길이는 2~7cm, 너비 1~5cm이다. 엽두는 둔두 또는 원두이고 엽저는 전저이다. 가장자리는 톱니가 없다.

꽃 7~8월에 담홍색 또는 거의 백색으로 피고 잎짬에서 화경이 나와 길이 4~9cm로 1~4개의 꽃이 달린다. 꽃자루의 중간에 2개의 포엽이 있다. 꽃받침은 5개로 장타원형이고 끝이 둔두이며 길이는 4~5mm이다. 꽃잎은 지름 3cm정도이다. 암술머리는 2심열 하고 선형이다.

열매 삭과이다.

▼ 꽃(정면)

▼ 꽃(측면)과 화경의 포엽

참고

외래종이다. 유사종인 메꽃, 큰메꽃, 애기메꽃 및 선메꽃과 달리 화경 중간에 두 개의 포엽이 있다.

새삼

Cuscuta japonica Choisy

생활형

하계일년생

분포

전국

형태

줄기 덩굴성으로 철사 같고 황적색이 돌며 털이 없고 종종 자갈색의 반점이 있다. 기생식물로 종자는 지상에서 발아하나 기주식물에 올라붙게 되면 뿌리가 없어진다.

잎 퇴화되어 비늘 같고 길이 2mm정도이며 삼각형이다.

꽃 8~9월에 연한 황백색으로 피고 수상화서로 모여 달린다. 소화경은 짧거나 없다. 꽃받침은 5개로 갈라지고 열편은 길이 약 1mm이며 끝이 둥글다. 화관은 종형이고 길이 3.5~4mm이며 상부는 5열하고 열편은 장타원형이다. 수술은 5개이고 암술대는 길이 1.5mm정도로서 끝이 2개로 갈라진다.

열매 삭과로 장란형이고 성숙하면 기부가 옆으로 갈라진다.

▼ 화서

참고

국내에 분포하는 새삼속(*Cuscuta* sp.) 식물 중 줄기가 가장 굵으며 자색 반점이 있다.

▼ 꽃과 인편

미국실새삼

Cuscuta pentagona
Engelm.

생활형

하계일년생

분포

전국

형태

줄기 덩굴성이며 지름 1mm 정도로 담황색 또는 담황적색을 띤다. 소돌기상의 흡반이 있어 기주를 왼쪽감기로 감아 오른다.

잎 퇴화되어 비늘 같으며 눈에 잘 띄지 않는다.

꽃 8~10월에 백색으로 피며 줄기에 군데군데 여러 개의 꽃이 뭉쳐서 붙는다. 꽃받침은 지름 3mm로 끝이 얕게 5열 되며 열편은 끝이 둥글다. 꽃잎은 끝이 5열 되며 열편은 삼각형으로 백색이고 통부의 안쪽에 5개의 인편이 있으며 그 가장자리는 빗살 모양으로 갈라진다. 수술 5개, 암술 1개로 암술대는 2개, 주두는 구형이다.

열매 삭과로 구형이며 길이 2~3mm이다.

참고

외래종이다. 기주범위가 매우 넓어 국내의 농경지나 도로변 화단에 발생하여 피해를 입히는 잡초다.

아욱메풀

Dichondra repens Forster

생활형

다년생

분포

제주, 전남(추자도, 지리산)

형태

줄기 가늘고 지상으로 기어가면서 마디에서 뿌리를 내린다.

잎 마디에 모여 나고 엽병은 길이 1~4cm이며 콩팥 모양을 띤 심장형 또는 원심장형으로 길이 0.5~1.5cm, 너비 8~20mm이다. 엽두는 둥글거나 오목하게 들어가고 엽저는 심장형이다. 가장자리는 밋밋하다.

꽃 5~6월에 황색으로 피고 잎짬에서 길이 3~10mm의 화경이 나와 그 끝에 1개씩 달린다. 지름이 3mm정도이며 화경은 엽병보다 짧다. 꽃받침조각은 도란상 장타원형이다. 화관은 5개로 깊이 갈라지며 열편은 꽃받침보다 짧다.

열매 삭과로 2개의 분과로 갈라지고 털이 있다. 종자는 거의 구형으로 편활하다.

▼ 생육

▼ 생육 중기

미국나팔꽃

Ipomoea hederacea Jacq.

생활형

하계일년생

분포

전국

형태

줄기 길이 100~150cm이며 덩굴성으로 하향모가 많다.

잎 어긋나고 난형으로 길이 5~8cm, 너비 4.5~8cm이며 깊게 3열편으로 갈라진다.

꽃 6~10월에 담청색으로 이른 아침에 피고 곧 오므라든다. 포엽은 2개로 작은 꽃자루 기부에서 마주난다. 꽃받침은 피침형이고 끝이 길게 뻗고 뒤로 굽으며 뒷면에 길고 거친 털이 밀포한다. 꽃잎은 깔때기 모양이며 담청색이고 지름 2~3cm이다.

열매 편구형으로 털이 없고 3개의 삭편이 있다.

▼ 꽃

▼ 꽃받침

참고

외래종이다.

둥근잎미국나팔꽃

Ipomoea hederacea var.
integriuscula A.Gray

생활형
하계일년생

분포
전국

형태
줄기 길이는 100~150cm의 덩굴성으로 다른 식물을 감아 오르거나 지면을 포복하고 하향모가 많다.

잎 어긋나고 엽병은 길이 6~9cm로 하향모가 있다. 엽신은 달걀모양 원형이고 길이 5~8cm, 너비 4.5~8cm이며 원형으로 분열하지 않고 톱니가 없다.

꽃 6~10월에 담청색으로 이른 아침에 피고 곧 오므라든다. 화경은 잎짬에서 생기고 1~3개의 꽃이 달리며 길이 2~2.5cm로 엽병 보다 많이 짧다. 포는 2개로 작은 꽃대 기부에서 마주 난다. 꽃받침은 피침형이고 끝이 길게 벋고 뒤로 굽으며 뒷면에 길고 거친 털이 밀포된다. 꽃잎은 깔때기 모양이며 담청색이고 지름 2~3cm이다.

열매 편구형으로 털이 없고 3개의 삭편이 있다.

참고
외래종이다. 꽃받침은 미국나팔꽃과 같은 피침형이다.

애기나팔꽃

Ipomoea lacunosa L.

생활형
하계일년생

분포
전국

형태
줄기 덩굴성이며 성긴 털이 있다.

잎 어긋나고 난형으로 길이 6~8 cm, 너비 4~7cm이다. 엽두는 길게 뾰족하며 엽저는 심장저이다. 가장자리는 톱니가 없거나 모가 난 열편이 있기도 하다.

꽃 7~10월에 백색으로 피고 화경은 잎짬에서 생기는데 1~2개의 꽃이 달린다. 잎보다 짧다. 꽃받침은 장타원형으로 길이 8~10mm이다. 꽃잎은 백색으로 깔때기꼴이며 지름 2cm 내외이다. 소화경은 털이 없고 사마귀 모양의 돌기가 밀포한다.

열매 삭과로 구형이며 지름 7~9 mm이고 4개의 삭편으로 되어 있다.

참고
외래종이다.

233

둥근잎나팔꽃

Ipomoea purpurea (L.) Roth

▼ 개

생활형

하계일년생

분포

전국

형태

줄기 길이 120~300cm이고 덩굴성이며 하향모가 있다.

잎 어긋나고 넓은 난형이며 길이 7~8cm, 너비 6~7cm로 톱니가 없다.

꽃 7~10월에 청색, 자주색, 담홍색으로 피며 화경은 길이 10~13cm로 1~5개의 꽃이 달린다. 소화경은 길이 2~3cm이고 기부에 2개의 포엽이 있다. 꽃받침은 피침형 또는 장타원형이며 길이는 10~12mm로 끝이 뾰족하고 거친 털이 기부 근처에 난다. 꽃잎은 깔때기 모양으로 청색, 자주색, 담홍색이며 지름 5~8cm이다. 암술머리는 3개로 구형이다.

열매 편구형으로 3개의 삭편이 있고 지름은 1cm이다.

▼ 꽃

참고

외래종이다. 유사종인 둥근잎미국나팔꽃과 달리 꽃받침은 장타원형이다.

▼ 꽃

별나팔꽃

Ipomoea triloba L.

생활형

하계일년생

분포

전국

형태

줄기 덩굴성이고 털이 없다.

잎 어긋나고 난원형으로 길이 3~6cm, 너비 2~5cm이다. 가장자리가 밋밋하거나 3열되는 것도 있고 털이 없다.

꽃 7~9월에 담홍색으로 피고 취산화서는 잎짬에 달린다. 화경은 길이 8~12cm로 잎보다 길고 끝에 3~8개의 꽃이 달린다. 소화경은 길이 2~8mm이며 능선과 사마귀 모양의 돌기가 있다. 꽃받침은 길이 8mm이고 꽃받침 열편은 장타원형이며 끝이 뾰족하고 섬모가 있다. 꽃잎은 깔때기 모양으로 지름 15~20mm이고 담홍색이며 중심부는 홍자색을 띤다.

열매 구형으로 지름 5~7mm이다.

▼ 꽃　　　　　　　　　　▼ 화서

참고

외래종이다.

235

둥근잎유홍초

Quamoclit coccinea
Moench

생활형

하계일년생

분포

전국

형태

줄기 길이 100~300cm으로 덩굴성이며 길게 자라면서 왼쪽으로 감겨 올라간다.

잎 어긋나고 엽병은 길며 심장상 원형으로 길이 5~6cm, 너비 3~5cm이다. 엽두는 갑자기 좁아져서 뾰족해지며 엽저는 깊은 심장형이고 밑부분의 양쪽 귀밑이 흔히 뾰족한 각으로 되어 있다. 가장자리는 밋밋하다.

꽃 7~10월에 주홍색으로 피고 잎짬에서 긴 화경이 나와 그 끝에 3~6개의 꽃이 달린다. 꽃받침은 끝이 5개로 갈라지고 열편은 길이가 각각 다르며 끝에 가시 같은 돌기가 있다. 화관은 지름이 1cm 내외이고 깔때기모양이며 얕게 5개로 갈라지고 통부가 길다. 수술은 5개, 암술은 1개로 화관 밖으로 약간 나온다.

열매 삭과로 구형이며 지름 8mm 정도이고 털이 없으며 4개의 종자가 있다.

▼ 생육 중기

참고

외래종이다.

▼ 생육 중기

▼ 화서

▼ 꽃

▼ 열매

꽃받이

Bothriospermum tenellum
(Hornem.) Fisch. &
C.A.Mey.

생활형

동계일년생

분포

전국

형태

줄기 높이 5~30cm이며 총생하고 밑부분이 옆으로 땅에 닿는다. 전체에 복모가 있다.

잎 어긋나고 밑의 잎은 주걱 모양이며 그 밖의 것은 타원형으로 길이 2~3cm, 너비 1~2cm이다. 엽두는 둥글거나 둔하며 엽저는 좁아지고 가장자리는 밋밋하다

꽃 5~9월에 연한 하늘색으로 피고 총상화서로 달린다. 화서는 끝이 말라지 않고 엽상의 포가 달리며 소화경은 포엽보다 짧고 꽃이 진 다음 밑으로 처진다. 꽃받침은 5개로 깊게 갈라지고 열편은 피침형이다. 화관은 지름이 3mm정도이고 끝이 5열하여 퍼지며 후부에 5개의 인편이 있다. 수술은 5개이다.

열매 분과로 타원형이다.

237

꽃마리

Trigonotis peduncularis
(Trevir.) Benth. ex Hemsl.

생활형

동계일년생

분포

전국

형태

줄기 높이 10~30cm이며 밑부분에서 갈라져서 모여 나고 전체에 짧은 복모가 있다.

잎 어긋나고 엽병은 위로 갈수록 짧아져서 없어지며 장타원형 또는 난형으로 길이 1~3cm, 너비 6~20mm이다. 양끝이 좁아지고 가장자리는 밋밋하다.

꽃 4~7월에 연한 남색으로 피고 가지 끝에 총상화서로 달린다. 화서는 태엽처럼 풀리면서 자라 길이 5~20cm이다. 소화경은 길이 3~9mm로 처음에는 비스듬히 서나 점차 옆으로 퍼진다. 꽃받침은 5개로 갈라지고 열편은 3각형이며 털이 있다. 화관은 5개로 갈라지며 지름이 2mm정도이고 후부에 인엽이 있다. 수술은 통부에 달린다.

열매 분과이고 꽃받침에 싸여 있고, 윗부분이 매끄럽고 뾰족하다.

▼ 유식물

▼ 생육 중기

마편초

Verbena officinalis L.

생활형

다년생

분포

제주, 전남북, 경남

형태

줄기 높이 30~80cm이며 곧추 서고 네모지며 가지를 친다. 전체에 잔털이 있고 건조하면 암갈색으로 된다.

잎 마주나고 난형으로 길이 3~10cm, 너비 2~5cm이다. 우상으로 깊게 갈라지고 표면은 엽맥을 따라 주름살이 지며 뒷면은 맥이 튀어 나온다.

꽃 7~8월에 연한 자색으로 피고 수상화서는 줄기와 가지 끝에 달린다. 꽃은 밑에서부터 피어 올라간다. 꽃받침은 통상으로 5열한다. 화관은 지름이 약 4mm이며 5열하고 화통은 위에서 한쪽으로 굽는다. 수술은 4개가 화통 속에 붙는다.

열매 분과로 4개가 들어있으며 길이 1.5mm정도이다.

▼ 화서　　　　　　　▼ 꽃

금창초

Ajuga decumbens Thunb.

생활형

다년생

분포

제주도, 전남북, 경남, 경북(울릉도)

형태

줄기 높이 5~15cm이고 사방으로 나서 땅 위를 기나 마디에서 뿌리는 내리지 않는다. 전체에 백색의 곱슬털이 있다.

잎 뿌리에서 나온 잎은 방사상으로 퍼지고 넓은 도피침형으로 길이 4~6cm, 너비 1~2cm이다. 엽두는 둔하며 엽저는 점차 좁아진다. 가장자리에 둔한 파상의 톱니가 있으며 흔히 자줏빛이 돈다. 줄기에서 나온 잎은 마주나고 장타원형 또는 난형으로 길이 1.5~3cm이다.

꽃 5~6월에 짙은 자색으로 피고 잎짬에 몇 개씩 달린다. 꽃받침은 5열한다. 화관은 상순은 짧게 2열하며 하순은 3열한다. 중앙부의 것이 가장 크다. 수술은 2강웅예이다.

열매 분과로 난구형이며 길이 1.7~2mm이다.

▼ 뿌리에서 나온 잎과 화서

▼ 꽃

조개나물

Ajuga multiflora Bunge

생활형

다년생

분포

제주를 제외한 거의 전국

형태

줄기 높이 10~30㎝이며 곧추 서고 전체에 백색 긴 털이 밀생 한다.

잎 마주나며 타원형, 난형 또는 피침형으로 길이 1.5~5㎝, 너 비 7~20㎜이다. 엽두는 둔하 거나 뾰족하며 엽저는 쐐기모 양이다. 가장자리에 파상의 톱 니가 있다.

꽃 5~6월에 벽자색으로 피고 윤산화서는 잎짬에 모여 달린 다. 꽃받침은 통형으로 반 이상 이 5개로 갈라진다. 화관은 장 통상 순형이며 상순은 짧고 2열 하며 하순은 크고 3렬하며 중앙 열편이 가장 넓고 끝이 오목하 다. 수술은 2강웅예이다.

열매 분과로 편구형이며 그물맥 이 있고 꽃받침에 싸여 있다.

개차즈기

Amethystea caerulea L.

생활형

하계일년생

분포

전국

형태

줄기 높이 30~80cm이고 곧추 서며 가지 친다. 모가 지며 흑자색이 돌고 마디에만 잔털이 있다.

잎 마주나고 엽병은 1~2cm이며 우상으로 3~5개로 전열한다. 우편은 피침형으로 길이 1~6cm, 너비 2~20mm이며 가장자리에 톱니가 있다. 상부의 잎은 소형이며 때로 측우편은 퇴화하고 넓은 피침형으로 된다.

꽃 8~9월에 하늘색으로 피고 취산화서는 줄기와 가지 끝에 달린다. 꽃받침은 둥근 종형으로 끝에 5개의 톱니가 있고 10맥이 있다. 화관은 꽃받침보다 길게 4열하고 아래쪽 열편이 크다. 수술은 2개가 길게 꽃 밖으로 나온다.

열매 분과로 도란형이고 그물 같은 무늬가 있으며 꽃받침에 싸여 있다.

▼ 생육

층층이꽃

Clinopodium chinense var. *parviflorum* (Kudo) H. Hara

생활형

다년생

분포

전국

형태

줄기 높이 15~60㎝이며 네모지고 밑부분이 약간 옆으로 자라다가 위로 곧추 서며 전체에 잔털이 있다.

잎 마주나고 엽병은 길이 2~20 mm이며 난형 또는 난상 타원형으로 길이 2~4㎝, 너비 1~2.5 ㎝이다. 엽두는 뾰족하거나 둔하고 엽저는 둥글다. 가장자리에 톱니가 있다. 표면 및 뒷면 맥 위에 털이 있다.

꽃 7~8월에 연한 홍색으로 피고 가지와 줄기 끝에 많은 꽃이 층으로 달린다. 포는 선형이고 긴 털이 있다. 꽃받침은 5개로 갈라지고 자줏빛이 돈다. 화관은 순형이며 수술은 2강웅예이다.

열매 분과로 약간 편평한 원형이다.

향유

Elsholtzia ciliata (Thunb.) Hyl.

생활형

하계일년생

분포

전국

형태

줄기 높이 30~60cm이며 곧추서고 네모지며 가지가 많이 갈라진다. 짧은 털이 약간 있다.

잎 마주나고 엽병은 위쪽에 날개가 있고 길이 5~20mm이며 넓은 난형 또는 좁은 난형으로 길이 3~10cm, 너비 1~6cm이다. 엽두는 뾰족하고 엽저는 쐐기모양이다. 가장자리에 톱니가 있다. 양면에 털이 있다.

꽃 8~9월에 홍자색으로 피고 길이 5~10cm, 너비 7mm정도이고 수상화서는 줄기와 가지 끝에 달린다. 한쪽으로 치우쳐서 빽빽이 난다. 포는 둥근 부채 같고 때로 자줏빛이 돈다. 꽃받침은 5열한다. 화관은 통상 순형이며 수술은 4개이다.

열매 분과로 길이 1mm정도, 좁은 도란형이며 물에 젖으면 점성이 있다.

참고

식물체에서 강한 향기가 난다.

꽃향유

Elsholtzia splendens Nakai ex F.Maek.

생활형

하계일년생

분포

전국

형태

줄기 높이 30~60cm이고 곧추서고 네모지며 가지가 많이 친다. 자색을 띤다.

잎 마주나고 엽병은 위쪽에 날개가 있고 길며 장란형 또는 난형으로 길이 1~7cm, 너비 8~40mm이다. 엽두는 뾰족하고 엽저는 넓은 쐐기모양이다. 가장자리에 규칙적이고 둔한 치아상의 톱니가 있다. 양면, 특히 맥 위에 털이 많고 뒷면에 선점이 있다.

꽃 9~10월에 홍자색으로 피고 수상화서는 줄기와 가지 끝에 달린다. 한쪽으로 치우쳐 빽빽 난다. 포는 신장형으로 끝이 갑자기 바늘처럼 뾰족해지고 자줏빛이 돈다.

열매 분과로 좁은 달걀모양이고 편평하고 끈적거린다.

참고

식물체에서 강한 향기가 난다.

긴병꽃풀

Glechoma grandis (A.Gray) Kuprian.

생활형

다년생

분포

전국

형태

줄기 높이 5～25cm이고 모가 지며 처음에는 곧추 서지만 꽃이 진 뒤에 쓰러져 길게 벋어 길이 50cm에 달하며 퍼진 털이 있다.

잎 마주나고 난형 또는 신장상 원형으로 길이 1.5～2.5cm, 너비 2～3cm이다. 엽두는 둥글고 엽저는 심장형이다. 가장자리에 둔한 톱니가 있다.

꽃 4～5월 연한 자색으로 피고 잎짬에 1～3개씩 달린다. 그루에 따라 꽃이 큰 것과 작은 2형이 있다. 꽃받침은 통상으로 15맥이 있고 얕게 5열하며 열편 끝이 바늘처럼 뾰족하다. 화관은 통상 순형으로 길이 15～25mm이고 수술은 2강웅예이다.

열매 분과로 타원형이다.

광대수염

Lamium album var. *barbatum* (Siebold & Zucc.) Franch. & Sav.

생활형
다년생

분포
전국

형태

줄기 높이 30~60㎝이고 모여 나며 곧추 선다. 네모지고 털이 약간 있다.

잎 마주나고 엽병은 길이 1~5㎝ 이며 난형으로 길이 5~10㎝, 너 비 3~8㎝이다. 엽두는 뾰족하고 엽저는 얕은 심장형 또는 원형 이다. 가장자리에 톱니가 있다. 표면과 뒷면 맥 위에 털이 드문 드문 있으며 주름살이 진다.

꽃 4~6월에 연한 홍색 또는 백 색으로 피고 위족 잎짬에 5~6 개씩 달린다. 꽃받침은 길이 13~18㎜이고 10맥이 있으며 5 개로 중렬한다. 화관은 통상 순 형이고 통부는 기부가 만곡한 다. 수술은 2강웅예이고 암술은 1개이다.

열매 분과로 3개의 능선이 있으 며 길이 3㎜정도이다.

광대나물

Lamium amplexicaule L.

생활형

동계일년생

분포

전국

형태

줄기 높이 10~30cm이며 네모지고 밑에서 가지가 많이 갈라지며 자줏빛이 돈다.

잎 마주나고 밑부분의 것은 엽병이 길고 원심장형으로 길이와 너비가 1~2.5cm이며 가장자리에 둥근 톱니가 있다. 윗부분의 잎(화엽)은 엽병이 없고 반원형으로 양쪽에서 줄기를 완전히 둘러싸며 가장자리에 톱니가 있다.

꽃 4~5월에 홍자색으로 피고 화엽의 잎짬에 몇 개씩 모여난다. 꽃받침은 길이 약 5mm정도이며 5열하고 털이 많다. 화관은 장통상 순형으로 하순은 3렬하고 상순은 앞으로 약간 굽으며 겉에 잔털이 있다. 수술은 2강웅예이고 흔히 폐쇄화가 생긴다.

열매 분과로 길이 2mm정도, 3개의 능선과 백색 반점이 있다.

▼ 유식물　　　　　▼ 생육

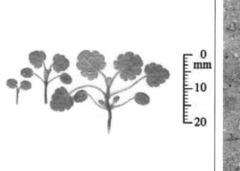

▼ 꽃(정면)　　　　　▼ 꽃(측

자주광대나물

Lamium purpureum L.

생활형

동계일년생

분포

제주, 전남

형태

줄기 높이는 10~25cm이고 아래쪽에서 땅에 눕는다.

잎 마주나고 길이 0.7~3cm이다. 아래쪽의 잎은 원형이며 위쪽의 잎은 난형으로 진한 자주색을 띤다.

꽃 4~5월에 담홍색으로 피며 위쪽의 잎짬과 가지 끝에 모여 달린다. 꽃받침은 길이 5~6mm이고 열편은 크기가 같으며 피침형으로 가장자리에 털이 있다. 꽃잎은 담홍색이며 길이 1~1.5cm로 통부는 곧고 윗잎술은 얕게 2열 되며 등 쪽에 털이 많고 아랫잎술은 3열되는데 그 중 중편이 특히 크다. 수술은 4개, 암술은 1개이다.

열매 도란형이고 길이 1.5mm정도로 3개의 모서리가 있으며 등 쪽이 둥글다.

▼ 꽃(정면) 　　　　　▼ 꽃(측면)

참고

외래종이다.

익모초

Leonurus japonicus Houtt.

생활형

동계일년생

분포

전국

형태

줄기 높이 50~150cm이고 곧추 서고 모가져 있다. 백색 털이 있어 전체가 백록색이 돌고 가지가 갈라진다.

잎 뿌리에서 나온 잎은 엽병이 길고 난상 심장형으로 결각 또는 둔한 톱니가 있으나 꽃이 필 때는 없어진다. 줄기에서 나온 잎은 마주나고 깊이 갈라지며 열편은 다시 우상으로 갈라지고 뒷면에 백색 잔털이 있으며 종 렬편은 선상 피침형으로 끝이 뾰족하고 톱니가 있다.

꽃 7~8월에 연한 홍자색으로 피고 윗부분의 잎짬에 몇 개씩 달린다. 소포는 가시모양이다. 꽃받침은 통상으로 5맥이 있고 얕게 5열하며 열편 끝은 바늘같 이 뾰족하다. 화관은 2순형이고 길이 10~13mm이다. 수술은 2강 웅예이다.

열매 분과로 흑갈색이고 3개의 능각이 있으며 길이 2.3mm정도 이다.

▼ 생육 중기

▼ 마디

▼ 화서

쉽싸리

Lycopus lucidus Turcz. ex Benth.

생활형

다년생

분포

전국

형태

줄기 높이 80~120cm이고 곧추 서고 횡단면은 4각형이다. 지 하경은 굵고 백색이며 마디는 검은빛이 돌고 백색 털이 있다.

잎 마주나고 넓은 피침형 또는 좁은 장타원형으로 길이 4~15 cm, 너비 1~4cm이다. 양끝은 뾰 족하고 가장자리에 톱니가 있 다. 표면은 광택이 나고 양면에 털이 없거나 뒷면 맥 위에 약간 있다.

꽃 7~8월에 백색으로 피고 잎 짬에 몇 개씩 모여 달린다. 꽃받 침은 5개로 중렬하고 열편은 선 상 피침형이며 뾰족하다. 화관은 통상 순형이다. 수술은 2개이고 길고 짧은 암술대가 있다.

열매 분과로 지름 2mm정도, 넓 은 쐐기모양이다.

쥐깨풀

Mosla dianthera (Buch.-Ham. ex Roxb.) ex Maxim.

생활형

하계일년생

분포

전국

형태

줄기 높이 20~60㎝이고 곧추서며 네모지고 가지가 갈라진다. 능선에 밑을 향한 짧은 털이 있고 마디에는 흰색 털이 있다.

잎 마주나고 엽병은 길이 1~3㎝이며 난형 또는 사각상 난형으로 길이 2~4㎝, 너비 1~2.5㎝이다. 양끝이 뾰족하고 가장자리에 톱니가 있다. 털이 거의 없거나 표면에 압모가 산생한다.

꽃 7~9월에 백색 또는 연한 홍자색으로 피고 총상화서는 가지와 줄기 끝에 달린다. 소화경은 길이 2~4㎜이다. 포는 피침형이다. 꽃받침은 5열하고 열매가 달릴 때에 잔털이 있다. 화관은 순형이고 수술은 2강웅예이다.

열매 분과로 난원형이며 길이 1.2㎜정도이다.

들깨풀

Mosla punctulata
(J.F.Gmelin) Nakai

생활형
하계일년생

분포
전국

형태
줄기 높이 20~60cm이며 곧추 서고 네모지며 가지 친다. 흔히 적색을 띠며 잔털이 있다.

잎 마주나고 엽병은 길이 1~2 cm이며 좁은 난형 때로 넓은 난형으로 길이 2~4cm, 너비 1~2.5cm이다. 엽두는 뾰족하고 엽저는 쐐기모양 또는 급히 좁 아진다. 가장자리에 낮은 톱니 가 있다. 표면과 뒷면 맥 위에 잔털이 있다.

꽃 8~10월에 연한 홍자색으로 피고 총상화서는 줄기와 가지 끝에 길이 3~4mm로 달린다. 포 는 피침형으로 소화경과 길이가 비슷하다. 꽃받침조각은 위쪽은 3개, 아래쪽은 2개로 갈라진다. 화관은 순형이고 수술은 2강웅 예이다.

열매 분과로 지름 1mm정도, 편평 한 도란형이며 그물모양의 무늬 가 있다.

꿀풀

Prunella vulgaris var.
lilacina Nakai

생활형

다년생

분포

전국

형태

줄기 높이 10~30cm이며 네모지고 전체에 흰색 털이 있다. 꽃이 진 다음에 밑에서 짧은 측지를 낸다.

잎 마주나고 엽병은 길이 1~3cm이며 장란형 또는 장타원상 피침형으로 길이 2~5cm이다. 엽두는 둔하고 엽저는 둥글거나 쐐기모양이다. 가장자리는 밋밋하거나 톱니가 약간 있다.

꽃 5~7월에 적자색으로 피고 수상화서는 줄기 끝에 길이 3~8cm로 달린다. 포는 편심장형으로 가장자리에 털이 있다. 꽃받침은 길이 7~10mm, 2순형으로 10맥이 있다. 화관은 순형이며 수술은 2강웅예이다.

열매 분과로 길이 1.6mm정도이며 황갈색이다.

▼ 화서(정면)

▼ 화서(측

배암차즈기

Salvia plebeia R.Br.

생활형

동계일년생

분포

전국

형태

줄기 높이 30~80cm이며 곧추 서고 네모지며 밑을 향한 잔털 이 있다.

잎 겨울에는 대형 로제트상의 뿌리에서 나온 잎이 있으나 꽃 이 필 때는 없어진다. 줄기에서 나온 잎은 마주나며 엽병은 길 이 1~3cm이고 장타원형으로 길 이 3~6cm, 너비 1~2cm이다. 엽 두는 둔하며 엽저는 뾰족하고 가장자리에 둔한 톱니가 있다. 양면에 털이 드문드문 있다.

꽃 5~7월에 연한 자색으로 총 상화서는 윗부분의 잎짬과 끝에 달린다. 화서는 길이 8~10cm이 고 짧은 털이 다소 밀생한다. 꽃받침은 양순형으로 얕게 5개 로 갈라지고 선점과 잔털이 있 다. 화관은 2순형이고 수술은 2 개이다.

열매 분과로 길이 0.8mm정도이 고 넓은 타원형이며 짙은 갈색 이다.

▼ 생육 초기

▼ 생육 중기

255

애기골무꽃

Scutellaria dependens
Maxim.

생활형

다년생

분포

전남북, 경기, 강원

형태

줄기 높이 10~50cm이고 곧추 서고 네모진다. 가늘고 긴 지하 경이 벋으며 예리한 능선위에 위로 향한 털이 약간 있으나 전체에 거의 털이 없다.

잎 마주나고 엽병은 길이 1~3 mm이며 좁은 난상 3각형으로 길이 1~2cm, 너비 6~10mm이다. 엽두는 둔하고 엽저는 얕은 심장형이며 몇개의 낮은 톱니가 있다.

꽃 7~8월에 백색으로 피고 윗부분의 잎짬에 1개씩 달린다. 소화경은 짧고 위를 향한 잔털이 있다. 꽃받침은 위 쪽 열편 뒤에 둥근 부속편이 있다. 화관은 통상 순형이고 하순 안쪽에 자색점이 있으며 상순보다 2배 정도 길다. 수술은 2강웅예이다.

열매 분과로 꽃받침 안에 들어 있다.

▼ 꽃과 열매

골무꽃

Scutellaria indica L.

생활형

다년생

분포

전국

형태

줄기 높이 20~40cm이며 곧추 서고 둔한 사각형이다. 근경은 가늘고 짧게 벋으며 백색의 퍼진 털이 밀생한다.

잎 마주나고 엽병은 길이 5~20 mm이며 넓은 난상 심장형으로 최하부의 것을 제외하고 길이와 너비가 각각 1~2.5cm이다. 엽두는 둔하고 엽저는 얕은 심장형이며 가장자리에 둔한 톱니가 있다. 양면에 현저하게 털이 있다.

꽃 5~6월에 자색으로 피고 줄기 끝에 한쪽으로 치우쳐서 두 줄로 달린다. 화관은 밑부분이 꼬부라져서 곧추 서며 길이 18~22mm이고 하순에 자색 반점이 있다.

열매 분과로 흑색이며 길이 1mm 정도이다.

257

참골무꽃

Scutellaria strigillosa
Hemsl.

생활형

다년생

분포

전국

형태

줄기 높이 10~40cm이고 곧추
서고 네모진다. 근경은 길게 옆
으로 벋으며 가지가 갈라지고
능선에 위를 향한 털이 있다.

잎 마주나고 엽병은 길이 1~4
mm이며 타원형 또는 장타원형으
로 길이 1.5~3.5cm, 너비 1~1.5
cm이다. 엽두는 둥글고 엽저는
수평이거나 둥글며 가장자리에
낮고 둔한 톱니가 있다. 양면에
털이 있다.

꽃 7~8월에 자색으로 피고 윗
부분의 잎짬에 1개씩 달린다. 한
쪽을 향하여 핀다. 꽃받침은 위
쪽 겉에 부속편이 있다. 화관은
길이 2~2.2cm이며 기부에서 거
의 직각으로 서고 수술은 2강웅
예이다.

열매 분과이며 표면에 둥근 돌
기가 빽빽이 있다.

석잠풀

Stachys japonica Miq.

생활형

다년생

분포

전국

형태

줄기 높이 30~60㎝이며 곧추서며 네모진다. 백색 지하경이 옆으로 길게 벋고 마디의 백색 털 이외에는 털이 없다.

잎 마주나고 엽병은 길이 5~15㎜이며 피침형 또는 장타원상 피침형으로 길이 4~8㎝, 너비 1~2.5㎝이다. 엽두는 뾰족하고 엽저는 둥글거나 수평이다. 가장자리에 톱니가 있다.

꽃 6~9월에 연한 홍색으로 피고 길이 12~15㎜이며 가지와 줄기 위쪽의 마디에 윤생한다. 꽃받침은 5열하고 열편은 가시처럼 뾰족하다. 화관은 통상 순형이고 수술은 2강웅예이다.

열매 분과이며 길이 1.7㎜정도이다.

▼ 생육 초기

▼ 화서

질경이

Plantago asiatica L.

생활형

다년생

분포

전국

형태

줄기 원줄기는 없다.

잎 뿌리에서 총생하고 엽병은 엽신과 길이가 비슷하며 타원형 또는 난형으로 길이 4~15cm, 너비3~8cm이다. 흰 털이 있거나 없으며 평행맥이 있고 가장 자리에 물결모양의 톱니가 있다. 엽저는 넓어져서 서로 얼싸 안으며 변이가 크다.

꽃 6~8월에 백색으로 피고 수상화서는 잎 사이에서 길이 10~50cm의 화경이 나와 위쪽에 밀생한다. 포는 좁은 난형이고 꽃받침과 화관의 끝은 4열한다. 수술은 길게 밖으로 나온다.

열매 삭과이다.

▼ 유식물   ▼ 생육

▼ 화서

▼ 개질

참고

유사종인 개질경이는 전체에 연한 털이 밀생한다.

창질경이

Plantago lanceolata L.

생활형

다년생

분포

전국

형태

줄기 근경은 굵다.

잎 근경에서 총생하고 곧추 서며 피침형으로 길이 10~20cm, 너비 1.5~3cm이다. 엽두는 뾰족하며 엽저는 점차 좁아져 가늘고 긴 엽병으로 된다. 평행맥이며 가장자리는 밋밋하다. 잎 뒤맥 위와 엽병에 연한 갈색의 긴 털이 드문드문 있다.

꽃 5~8월에 백색으로 피고 수상화서는 잎짬에서 높이 20~70cm의 화경이 나와 달린다. 화서는 좁은 난형 또는 짧은 원주형으로 많은 꽃이 밀생한다. 포는 삼각상 난형으로 얇고 투명한 건막질이다. 꽃받침은 투명한 막질이고 4편 중 2편은 합착하여 하나로 되고 끝이 얕게 2열한다. 수술은 화관 밖으로 길게 나온다.

열매 삭과로 난구형이다.

▼ 유식물

▼ 화서

참고

외래종이다.

왕질경이

Plantago major var.
japonica
(Franch. & Sav.) Miyabe

생활형

다년생

분포

전국 해안

형태

줄기 원줄기는 없다

잎 뿌리에서 총생하고 엽병은 길이 3~20cm이며 난상 타원형이로 길이 10~30cm, 너비 5~15cm이다. 평행맥이고 엽두는 약간 둔하며 엽저 급히 또는 점차로 엽병으로 흐른다. 가장자리는 밋밋하거나 밑부분에 얕은 결각상의 톱니가 있다.

꽃 5~7월에 백색으로 피고 수상화서는 잎짬에서 높이 40~80cm의 화경이 나와 윗부분에 많은 꽃이 밀생한다. 포는 난형이고 꽃받침은 4열한다. 화관은 막질로 끝이 4열하고 4개의 수술이 길게 밖으로 나온다.

열매 삭과로 종자는 8~12개가 들어있다.

▼ 화서(개화 전)

▼ 화서(

미국질경이

Plantago virginica L.

생활형

다년생

분포

제주, 경남, 전남, 전북

형태

줄기 원줄기는 없다.

잎 뿌리에서 모두 나오며 주걱형 또는 도란형이다. 잎은 화경에 비해 짧고 톱니가 없으며 때로는 주름이 생기고 3~5개의 잎맥이 있다.

꽃 5~7월에 황백색으로 피고 수상화서는 뿌리에서 화경이 나와 곧추서며 잎보다 길다. 화경은 높이 10~30cm이다. 길이 3~15cm, 너비 5~6mm로 조밀하며 아래쪽은 드문드문 달린다. 화관은 막질이고 화반부는 통형으로 끝부분은 4열로 되며 옆편은 곧게 뻗고 펴지지 않는다. 수술은 4개로 화관 열편보다 짧다.

열매 장타원형으로 꽃받침과 거의 같은 길이로 2개의 종자가 들어 있다.

참고

외래종이다. 식물체 전체가 털로 덮여있다.

263

외풀

Lindernia crustacea (L.)
F.Muell

생활형

하계일년생

분포

제주, 전남

형태

줄기 높이 7~15cm이며 모가 지고 밑에서 가지가 갈라져서 사방으로 퍼진다. 잔털이 다소 있다.

잎 마주나고 넓은 난형으로 길이 7~20mm, 너비 6~13mm이다. 엽두는 둔하고 엽저는 둥글거나 쐐기모양으로 엽병이 이어진다. 가장자리에 둔한 톱니가 있다. 종종 줄기와 더불어 자색을 띤다.

꽃 7~8월에 연한 자색을 띠고 위쪽의 잎짬에 1개씩 달리며 소화경은 길이 1~2.5cm이고 위의 잎은 포 같다. 꽃받침은 세로로 5개의 능선이 있고 끝이 얕게 5개로 갈라진다. 화관은 길이 약 7mm로 꽃받침의 약 2배 길고 양순형이며 4개의 수술 중 2개가 길다.

열매 삭과로 장타원형이다.

▼ 유식물　　　　　▼ 생육

▼ 꽃(정면)　　　　▼ 꽃(측면)　　　　▼ 꽃(2

미국외풀

Lindernia dubia (L.) Pennell

생활형

하계일년생

분포

전국

형태

줄기 높이 10~30cm이고 네모나며 곁가지는 옆으로 펼쳐진다.

잎 마주나고 장타원형으로 길이 1.5~3.5cm, 잎맥은 3~5개이고 잎 가장자리는 2~3쌍의 톱니가 있다.

꽃 7~9월에 잎짬에서 1개씩 달린다. 화경은 잎보다 짧다. 꽃받침 열편은 끝이 뾰족한 선형으로 열매와 같은 크기이다. 화관의 길이는 5~10mm이다.

열매 좁은 난형으로 4~5mm이며 많은 수의 종자가 들어 있다. 종자는 약간 굽었으며 길이 0.4mm로 황갈색이고 양 끝은 둥글다.

▼ 꽃

참고

외래종이다.

밭뚝외풀

Lindernia procumbens
(Krock.) Philcox

생활형

하계일년생

분포

전국

형태

줄기 높이 5~20cm이며 곧추 서고 밑에서부터 가지가 갈라지며 전체에 털이 없다.

잎 마주나고 엽병은 없으며 장타원형으로 길이 1.5~3cm, 너비 5~12mm이다. 엽두는 둔하고 가장자리는 밋밋하다. 3~5개의 평행맥이 있고 표면은 약간 광택이 있다.

꽃 7~8월에 연한 홍자색으로 피고 잎짬에 1개씩 달리며 소화경은 길이 2~2.5cm이다. 꽃받침은 5개로 깊게 갈라지고 길이 3~3.5mm이며 열편은 선상 피침형이다. 화관은 통상 순형이고 길이 약 6mm정도이며 수술은 4개이고 2개가 약간 짧다.

열매 삭과로 타원형이다. 가을철에 흔히 폐쇄화가 달린다.

▼ 유식물

▼ 생육 초기

참고

외풀속(*Lindernia* sp.) 유사종에 비해 잎은 평행맥이고 톱니가 없다.

▼ 생육 중기

누운주름잎

Mazus miquelii Makino

생활형

다년생

분포

전국

형태

줄기 높이 5~15cm이다. 기부에서 긴 지상 포지를 사방으로 뻗는다.

잎 뿌리에서 나온 잎은 총생하고 경엽은 마주난다. 엽병은 윗부분에 날개가 있고 도란형으로 길이 2~5cm, 너비 1.5~2cm이고 가장자리에 파상의 톱니가 있다. 포지의 잎은 엽병이 짧고 도란형 또는 원형으로 길이 1.5~2.5cm이다.

꽃 4~5월에 홍자색으로 피고 총상화서로 달리며 화서에는 보통 잔털이 있다. 꽃받침은 5개로 중렬하고 선모가 드문드문 있다. 화관은 순형이고 화순은 3렬하고 중앙은 융기하여 황색으로 되며 적갈색의 무늬가 있다. 수술은 4개로 2개가 길다.

열매 삭과로 편구형이다.

▼ 생육 초기

▼ 꽃

참고

유사종인 주름잎에 비해 꽃이 크고 색이 진하며, 다년생으로 지상 포복 줄기를 내어 번식한다.

주름잎

Mazus pumilus (Burm.f.) Steenis

생활형

하계일년생

분포

전국

형태

줄기 높이 5~25cm이며 곧추 서고 밑에서 가지가 갈라지며 털이 있다.

잎 마주나고 위로 갈수록 작아져 어긋난다. 도란형으로 길이 1~3cm, 너비 5~15mm이며 엽두는 둥글고 엽저는 엽병으로 흐른다. 가장자리에 둔하고 얕은 톱니가 약간 있으며 잎에 주름살이 진다.

꽃 5~8월에 연한 홍자색으로 피고 총상화서는 줄기 끝에 달린다. 소화경은 5~12mm이다. 꽃받침은 길이 5~10mm이고 5개로 중렬한다. 화관은 양순형이고 길이 1~1.2cm이며 하순이 크고 3렬하며 기부에 2개의 황갈색 이랑이 있고 털이 있다.

열매 삭과로 편구형이고 꽃받침에 싸여 있다.

애기물꽈리아재비

Mimulus tenellus Bunge

생활형

다년생

분포

경기, 강원

형태

줄기 높이 25cm이며 연약하고 밑에서부터 가지가 갈라지고 지면에 닿으면 마디에서 뿌리가 내린다.

잎 마주나고 엽병은 길이 2~6mm이며 타원형 또는 난형으로 길이 6~12mm, 너비 3~8mm이다. 양끝이 좁고 가장자리에 톱니가 있다.

꽃 7~8월에 황색으로 피고 윗부분의 잎짬에 1개씩 달리며 소화경은 길이 4~7mm이다. 꽃받침은 통형으로 5개의 좁은 날개가 있는 능선이 있고 끝이 5열하며 열편은 삼각상 난형이다. 화관은 다소 순형이고 끝이 5열하며 길이 7~8mm이다.

열매 삭과로 난상 피침형이다.

나도송이풀

Phtheirospermum
japonicum (Thunb.) Kanitz

생활형

하계일년생

분포

전국

형태

줄기 높이 20~70cm이며 곧추
서고 가지가 갈라지며 전체에
현저하게 다세포의 선모가 있다.

잎 마주나고 삼각상 난형으로
길이 3~5cm, 너비 2~3.5cm이
다. 우상으로 깊게 갈라지고 하
부의 우편은 완전히 갈라지며
열편은 불규칙하게 깊게 갈라지
고 불규칙한 톱니가 있다.

꽃 8~9월에 연한 홍자색으로
피고 윗부분의 잎짬에 1개씩 달
린다. 꽃받침은 길이 5~7mm이
고 5개로 중렬하며 열편에 톱니
가 있다. 화관은 길이 2cm정도
이고 통상 순형이며 수술은 2강
웅예이다.

열매 삭과로 일그러진 좁은 난
형이며 종자는 타원형이다.

참고

송이풀속(*Phtheirospermum*
sp.)에 비해 전체에 선모가 많
아 끈적거리고 화관 상순의 가
장자리는 바깥쪽으로 말린다.

선개불알풀

Veronica arvensis L.

생활형

동계일년생

분포

전국

형태

줄기 높이 10~40cm이며 밑에서 가지가 갈라져 곧추 서고 짧은 털이 있다.

잎 마주나고 넓은 난형으로 길이 6~20mm, 너비 4~18mm이다. 엽두는 둔하고 엽저는 둥글며 가장자리에 둔한 톱니가 있다. 밑의 잎은 짧은 자루가 있으나 상부의 잎은 엽병이 없으며 어긋나고 장타원형이다.

꽃 5~6월에 연한 자색을 띤 남색으로 피고 상부의 잎짬에 달린다. 꽃받침은 길이 4~6mm이고 4열한다. 화관은 지름이 4mm 정도이고 4개로 갈라지며 수술은 2개이다.

열매 삭과로 도심장형이며 끝이 깊게 파진다.

▼ 꽃

▼ 열매

참고

외래종이다.

271

개불알풀

Veronica didyma var.
lilacina (H. Hara)
T.Yamaz.

생활형

동계(하계)일년생

분포

제주, 전남북, 경남, 경북(울릉도)

형태

줄기 길이 10~25cm이고 밑에서부터 가지가 갈라져 옆으로 자라거나 비스듬히 서며 전체에 부드러운 짧은 털이 있다.

잎 하부에서는 마주나고 상부에서는 어긋나며 밑부분의 것은 짧은 엽병이 있으나 윗부분의 것은 엽병이 없다. 난상 원형으로 길이와 너비가 각각 4~11mm이다. 끝이 둔한 2~3쌍의 톱니가 있다.

꽃 5~6월에 연한 홍백색으로 피고 홍자색의 줄이 있으며 상부의 잎짬에 1개씩 달린다. 소화경은 길이 3~7mm이다. 꽃받침은 4개로 갈라지고 열편은 난형이다. 화관은 길이 3~4mm이고 4열하며 수술은 2개이다.

열매 삭과로 중앙이 잘록하다.

▼ 생육 중기

큰개불알풀   개불알풀   선개불알풀

▼ 잎과 열매

큰개불알풀   개불알풀

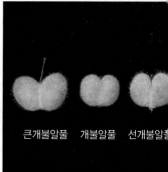
큰개불알풀   개불알풀   선개불알풀

272

▼ 열매

눈개불알풀

Veronica hederifolia L.

생활형
동계일년생

분포
경남(가덕도, 남해) 전남, 전북

형태
줄기 10~20cm의 줄기는 포복하면서 끝이 곧게 선다.

잎 아래쪽은 마주나고 위쪽은 어긋나며 원형으로 너비 6~20mm이고 3~5천열한다. 표면은 긴 털이 있고 뒷면은 짧은 털이 드물게 있다.

꽃 3~10월에 담청색으로 피며 잎짬에 1개씩 달린다. 꽃받침은 4개이고 꽃받침열편 가장자리에는 긴 털이 줄지어 난다. 화관은 지름 4~5mm로 담청색이며 수술 2개, 암술 1개이다.

열매 구형으로 꽃받침보다 짧고 4개의 종자가 있다. 종자는 길이 2.5mm정도로 안쪽이 깊게 파여 있다.

참고
외래종이다.

문모초

Veronica peregrina L.

생활형

동계일년생

분포

전국

형태

줄기 높이 5~20cm이고 밑에서 가지가 갈라져 총생한다. 다소 육질이며 털이 없거나 선모가 드물게 달린다.

잎 하부에서는 마주나고 상부에서는 어긋나며 엽병은 없다. 넓은 선형 또는 좁은 피침형으로 길이 8~25mm, 너비 2~5mm이다. 엽두는 둔하거나 뾰족하며 가장자리는 밋밋하거나 불명료한 몇 개의 톱니가 있다.

꽃 4~5월에 연한 홍색을 띠는 백색으로 피고 잎짬에 1개씩 달린다. 소화경은 약 1mm정도이다. 꽃받침은 4개로 갈라지고 열편은 넓은 선형으로 끝이 둔하다. 화관은 지름이 2~3mm이다.

열매 삭과로 편평한 원형이며 종종 벌레(갑충)집으로 되며 둥글다.

▼ 화서

▼ 유식물   ▼ 생육 초기

▼ 생육 중기   ▼ 꽃

큰개불알풀

Veronica persica Poir.

생활형

동계(하계)일년생

분포

전국

형태

줄기 길이 10~40cm이며 가지 쳐서 옆으로 퍼져 끝이 비스듬히 서고 전체에 부드러운 털이 있다.

잎 하부의 것은 마주나고 상부의 것은 어긋나며 엽병은 길이 1~5mm이다. 난상 원형으로 길이 7~18mm, 너비 6~15mm이다. 가장자리에 끝이 둔한 톱니가 있으며 양면에 털이 드물게 달린다.

꽃 5~6월에 하늘색으로 피고 짙은 색의 줄이 있으며 잎짬에 1개씩 달린다. 소화경은 길이 1~4cm이다. 꽃받침은 4개로 갈라지고 열편은 좁은 난형으로 끝이 둔하다. 화관은 지름이 7~10mm이고 4개로 갈라지며 앞쪽의 것은 다소 작다.

열매 삭과로 도심장형이며 끝이 파지고 양끝이 약간 뾰족하다.

참고

외래종이다.

좀개불알풀

Veronica serpyllifolia L.

생활형

다년생

분포

제주

형태

줄기 높이 10~15cm이며 원줄기는 지상에서 가늘고 길게 뻗으며 지면에 닿는 마디에서 뿌리가 나온다. 줄기의 중부 이상에서 직립하며 잎짬에서 가지가 분지한다. 전체에 짧은 털이 있고 상부에는 선모가 있다.

잎 마주나고 상부에서는 드물게 어긋나며 엽병은 줄기의 하부의 잎에서는 길이 2~3mm이고 상부에서는 없다. 엽신은 난상 원형, 혹은 난상 타원형으로 길이 0.8~2cm, 너비 0.7~1cm이다. 가장자리는 대부분 얕은 거치가 있으나 드물게 전연이다.

꽃 줄기 끝에 총상화서로 붙거나 액생하며 결실기에는 길이 10cm에 달한다. 선모가 있고 10~30개의 꽃이 붙는다. 포는 피침형으로 하부에서는 잎의 이형과 유사하고 상부로 갈수록 작아지며 소화경보다 길다. 소화경은 개화기에 2~4mm, 결실기에는 4~6mm이다. 꽃받침조각은 4개로 깊게 갈라지며 화관은 백색으로 청색선이 있거나 청색선이 없는 백색에서 청색까지 다양하다.

열매 삭과이다. 정단은 얕은 홈이 있고 가장자리에 선모가 있다. 종자는 편평하지만 양면이 다소 볼록하다.

참고

외래종이다.

쥐꼬리망초

Justicia procumbens L.

생활형

하계일년생

분포

전국

형태

줄기 높이 10~40cm이며 많은 것이 기부가 눕고 마디가 굵으며 모가 지고 가지가 많이 갈라진다. 전체에 잔털이 드물게 달린다.

잎 마주나고 엽병은 길이 2~15mm이며 난형으로 길이 2~4cm, 너비 1~2cm이다. 양끝이 뾰족하고 가장자리는 밋밋하거나 물결 모양이다.

꽃 7~9월에 백색으로 피고 하순 내면은 연한 홍자색이며 수상화서는 줄기와 가지 끝에 달린다. 화수는 길이 2~5cm이며 포, 소포 및 꽃받침은 거의 통형으로 길이 5~7mm이다. 가장자리에 반투명한 연모가 있다. 화관은 길이 7~8mm이고 양순형이며 수술은 2개이다.

열매 삭과이다.

▼ 유식물

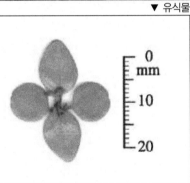

▼ 화서

▼ 꽃

277

수염가래꽃

Lobelia chinensis Lour.

생활형

다년생

분포

전국

형태

줄기 높이 10~15cm이고 기부에서 분지하여 기며 마디에서 뿌리를 내고 가지 끝이 비스듬히 서며 전체에 털이 없다.

잎 어긋나고 2열로 나며 엽병이 없고 피침형으로 길이 1~2cm, 너비 2~4mm이다. 가장자리에 둔한 톱니가 있다.

꽃 5~8월에 백색으로 연한 홍자색을 띠며 피고 한가지에 1~2개씩 잎짬에 단생한다. 소화경은 길이 1.5~3cm이며 꽃이 필 때는 곧추 서나 진 뒤에는 처진다. 꽃받침은 5열하고 열편은 피침형이다. 화관은 순형으로 상순은 2개, 하순은 3개로 깊게 갈라지고 열편은 크기와 모양이 같고 뒷면에 잔털이 있다.

열매 삭과로 원추상 곤봉형이며 길이 5~7mm이고 종자는 넓은 난형으로 적갈색이다.

▼ 생육 초기

▼ 생육 중기

갈퀴덩굴

Galium spurium var. *echinospermon* (Wallr.) Hayek

생활형

동계일년생

분포

전국

형태

줄기 길이 60~90cm이며 식물체에 기대서 올라가고 네모 지며 능선에 밑을 향한 잔 가시가 있다.

잎 6~8개씩 윤생하고 좁은 피침형 또는 넓은 선형으로 길이 1~3cm, 너비 1.5~4mm이다. 엽두는 짧은 까락으로 끝나고 엽저는 점차 좁아지며 가장자리와 뒷면 중륵에 밑을 향한 잔 가시가 있다.

꽃 5~6월에 연한 황록색으로 피고 취산화서는 가지 끝이나 잎짬에 달린다. 화관은 4개로 갈라지고 수술은 4개이다.

열매 분과로 2개가 함께 붙어 있으며 갈고리 같은 딱딱한 털로 덮여 있어 다른 물체에 잘 붙는다.

▼ 줄기 가시

▼ 꽃

솔나물

Galium verum var.
asiaticum Nakai

생활형

다년생

분포

전국

형태

줄기 높이 30~100cm이며 총생하고 곧추 선다. 윗부분에서 다소 가지가 갈라진다.

잎 8~12개씩 윤생하고 선형으로 길이 2~3cm, 너비 1.5~3mm이다. 엽두는 뾰족하고 가장자리는 뒤로 말리며 뒷면은 마디 및 화서와 더불어 털이 있다.

꽃 6~9월에 황색으로 피고 원추화서는 줄기 끝과 잎짬에 많은 꽃이 달린다. 화관은 지름 2.5mm 정도이고 4개로 갈라지며 수술은 4개이다.

열매 분과로 타원형이며 2개씩 달리고 털이 없다.

▲ 꽃

▼ 생육 중기

긴두잎갈퀴

Hedyotis diffusa var. *longipes* Nakai

생활형

하계 일년생

분포

제주

형태

줄기 높이 10~30cm이고 밑에서부터 가지가 갈라져서 옆으로 자라거나 곧추 선다.

잎 마주나고 길이 1~3.5cm, 너비 1.5~3mm이며 양 끝은 좁고 가장자리에 톱니가 없지만 깔깔하며 주맥만이 나타난다.

꽃 8~9월에 백색이거나 다소 붉은빛으로 피고 지름 2mm정도로서 잎짬에 달린다. 소화경이 열매보다 2~4배정도 길다. 꽃받침은 4개로 갈라지며 열편은 길이 1.5mm정도로서 뾰족하다. 화관은 4개로 갈라지며 열편은 통부와 길이가 비슷하다.

열매 삭과로 둥글며 지름 5mm정도로서 꽃받침통 안에 들어 있다. 끝에 꽃받침 열편이 남아 있고 종자에 능각이 있다.

281

계요등

Paederia scandens (Lour.)
Merr. var. *scandens*

생활형

다년생

분포

제주, 중 남부 지역

형태

줄기 길이 5~7m이고 넌출성
식물로 윗부분은 겨울 동안에
죽으며 어린가지에 다소 잔털이
있다. 불쾌한 냄새가 난다.

잎 마주나고 엽병은 길이 1~6
cm이며 난형 또는 난상 피침형
으로 길이 4~12cm, 너비 1~7cm
이다. 엽두는 뾰족하고 엽저는
심장형이거나 수평이다. 가장자
리는 밋밋하고 뒷면에 잔털이
있거나 없다.

꽃 7~9월에 백색으로 피고 자
주색의 반점이 있으며 내면은
자색이고 원추화서 또는 취산화
서는 줄기 끝이나 잎짬에 달린
다. 꽃은 5수성이다.

열매 핵과로 지름 5~6mm이고
구형이며 9~10월에 황갈색으로
익는다.

▼ 생육 중기

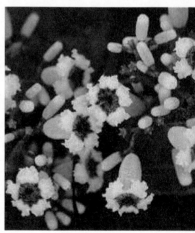

▼ 생육 초기

▼ 생육 중기

꼭두서니

Rubia akane Nakai

생활형

다년생

분포

전국

형태

줄기 길이 100~200㎝이고 년출성으로 줄기는 네모지며 능선에 밑을 향한 잔가시가 있다.

잎 4개씩 윤생하고 그 중 2개는 정상엽이며 2개는 탁엽이다. 엽병이 있다. 심장형 또는 장란형으로 길이 3~7㎝, 너비 1~3㎝이며 엽두는 뾰족하고 엽저는 심장형이며 5맥이 있다. 엽병, 뒷면 맥 위 및 가장자리에 잔가시가 있다.

꽃 7~9월에 연한 황색으로 피고 원추화서는 줄기 끝과 잎짬에 달린다. 소화경이 짧다. 화관은 길이 3~4㎜이고 4~5개로 갈라지며 수술은 5개이고 자방은 털이 없다.

열매 장과로 구형이고 검게 익는다.

▼ 줄기와 엽병의 가시

▼ 꽃

참고

유사종인 갈퀴꼭두서니에 비해 잎은 심장형 또는 장란형이고 4개씩 윤생한다.

갈퀴꼭두서니

Rubia cordifolia var.
pratensis Maxim.

생활형

다년생

분포

전국

형태

줄기 길이 100~150cm이며 네모지고 가지가 많이 갈라지며 능선에 밑을 향한 잔가시가 있어 다른 물체에 잘 붙는다.

잎 줄기에서 나온 잎은 6~10개씩 윤생하나 가지에서는 4~6개씩 윤생한다. 장타원상 난형으로 길이 2~4cm, 너비 1~2cm이며 엽두는 뾰족하고 엽저는 둥글거나 얕은 심장형이며 뒷면 맥 위와 가장자리에 잔가시가 있다.

꽃 6~7월에 백색으로 피고 원추화서는 잎짬과 줄기 끝에 달린다. 화관은 5개로 갈라지고 수술은 5개이다.

열매 장과로 2개씩 달리며 둥글고 지름 5~6mm이고 검게 익는다.

참고

본종은 꼭두서니에 비해 잎이 장타원상 난형이고 4~10개씩 윤생한다.

서양톱풀

Achillea millefolium L.

생활형

다년생

분포

전국

형태

줄기 높이 30~100㎝이다. 근경은 옆으로 벋으며 줄기는 곧추서고 거미줄 같은 연한 털이 있다.

잎 어긋나고 근생엽은 좁은 장타원형 또는 피침형으로 길이 10~25㎝이고 2~3회 우상으로 깃꼴로 깊게 갈라진다. 열편은 선형으로 가장자리에 잔 톱니가 있으며 양면에 털이 다소 있다. 경생엽은 위로 갈수록 짧아져서 없어지고 밑부분이 줄기를 감싼다.

꽃 6~9월에 백색 또는 담홍색으로 피고 두화는 지름 4㎜이고 위가 납작한 산방화서를 이룬다. 총포편은 난형, 설상화는 5개로 암꽃이며 끝이 얕게 3렬하고 통상화는 양성이고 끝이 5개로 갈라지며 관모가 없다.

열매 수과로 장타원형이며 관모가 없다.

▼ 개화기

▼ 두상화(담홍색)

참고

외래종이다.

돼지풀

Ambrosia artemisiifolia L.

생활형

하계일년생

분포

전국

형태

줄기 높이 30~180cm이며 곧추 서고 가지가 많이 갈라진다. 전 체에 짧은 강모가 있다.

잎 줄기 하부에서는 마주나고 상부에서는 어긋나며 2~3회 우상으로 가늘게 갈라지며 길 이 3~11cm이다. 표면은 짙은 녹 색, 뒷면은 잿빛이 돌며 연모가 있다.

꽃 자웅동주로 7~10월에 피고 수꽃은 줄기와 가지 끝에 길게 총상으로 달리며 지름 3~4mm이 고 총포편은 합생해서 접시모양 의 총포로 되며 그 속에 12~16 개의 통상화가 나고 꽃밥은 거 의 떨어져 나간다. 암꽃은 수꽃 화서 밑의 잎짬에 2~3개씩 나 며 화관이 없고 1개의 암술이 합생하는 총포편에 싸여 있으며 암술대는 2개로 갈라진다. 총포 는 뒤에 과실을 싸고 길이 3~5 mm이며 양끝이 뾰족하다.

열매 수과로 난형이며 길이 3.56~3.9mm, 너비 1.6~2.0mm, 6~8개의 능선이 있고 각 능선 의 끝은 뾰족하다.

암꽃 화서

수꽃 화서

▼ 유식물

▼ 생육

▼ 생육 중기(측면)

▼ 생육 중기(

참고

외래종이다.

▼ 유식물

단풍잎돼지풀

Ambrosia trifida L.

생활형

하계일년생

분포

전국

형태

줄기 높이 100~300㎝이고 곧추 서며 지하경이 벋고 가지가 갈라진다. 지름 2~4㎜이며 전체에 강모가 있다.

잎 마주나고 엽병은 좁은 날개가 있으며 단풍잎처럼 3~5개로 깊게 갈라지고 큰 것은 너비 20~30㎝이다. 열편은 넓은 피침형으로 잔 톱니가 있으며 끝은 밋밋하지만 길게 뾰족해진다. 양면에 강모가 있으며 표면에 홈이 지며 백색 털이 있고 기부는 넓어져 줄기를 감싼다. 위로 갈수록 점차 작아지고 끝이 꼬리모양으로 뾰족하다.

꽃 자웅동주로 7~9월에 피고 총상화서로 달린다. 수꽃은 위에 많이 달리고 포는 접시모양이며 한쪽에 3개의 능선이 있다. 암꽃은 1~수개가 두상으로 뭉쳐 수꽃 밑에 달리고 포는 타원형으로 1개의 꽃이 들어 있으며 갈라진 암술대가 밖으로 나온다.

열매 수과로 난형이며 길이 6~12㎜, 너비 4~5㎜, 4~10개의 능선이 있고 각 능선의 꼭대기에 직은 혹이 붙는다.

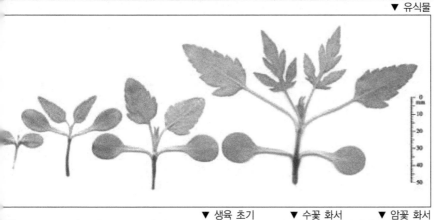

▼ 생육 초기　　▼ 수꽃 화서　　▼ 암꽃 화서

▼ 열매

참고

외래종이다. 잎이 갈라지지 않는 것을 둥근잎돼지풀이라 한다.

287

사철쑥

Artemisia capillaris Thunb.

생활형

다년생

분포

전국

형태

줄기 높이 30~100cm이며 곧추 선다. 기부는 목질화되고 가지 가 많이 갈라지며 처음에는 견 모로 덮여 있다.

잎 꽃이 달리지 않는 가지는 끝 에 잎이 로제트형으로 총생하고 엽병이 길다. 꽃이 피는 가지의 잎은 어긋나고 중부의 잎은 길 이 1.5~9cm, 너비 1~7mm이다. 엽저는 줄기를 감싸고 2회 우상 으로 전열하며 종렬편은 사상으 로 너비 0.3mm정도이다. 양면에 견모가 있거나 없으며 위로 갈 수록 잎은 작아진다.

꽃 8~10월에 녹황색으로 피고 원추화서로 많은 두상화가 달린 다. 두상화는 지름 1.5~2mm이고 화경은 길이 1~2mm이다. 총포는 구형이고 포편은 3~4열로 배열 하며 외편은 난형으로 끝이 둔 하고 뒷면에 능선이 있다.

열매 수과로 길이 0.8mm정도 이다.

▼ 생육 초기

▼ 생육

▼ 생육 중기

제비쑥

Artemisia japonica Thunb.

생활형

다년생

분포

전국

형태

줄기 높이 30~140cm이며 총생하고 전체에 거의 털이 없다.

잎 뿌리에서 나온 잎은 꽃이 필 때에 마르고 줄기에서 나온 잎은 어긋나며 중엽은 주걱모양으로 길이 3.5~8cm, 너비 8~30mm이다. 기부는 탁엽모양으로 줄기를 감싸며 밑은 쐐기모양이고 끝은 톱니가 있거나 여러 가지 정도로 우상으로 갈라지며 위로 올라갈수록 작아져 선형으로 된다.

꽃 7~9월에 연한 황색으로 피고 많은 두상화가 원추화서로 달린다. 두상화는 난상 구형 또는 타원형으로 광택이 있고 지름 1.5mm이다. 총포편은 4열로 배열하고 외편은 난형으로 끝이 둔하며 내편은 타원형으로 끝이 둥글고 모두 뒷면에 능선이 있다.

열매 수과로 장타원형이고 길이 0.8mm정도이다.

쑥

Artemisia princeps Pamp.

생활형

다년생

분포

전국

형태

줄기 높이 50~120cm이고 근경은 옆으로 벋어 끝에 새싹을 낸다. 줄기는 총생하고 가지를 잘 치며 전체에 털이 있다.

잎 어긋나고 중부의 잎은 타원형으로 길이 6~12cm, 너비 4~8cm이며 우상으로 깊이 갈라진다. 열편은 2~4쌍이며 가장자리에 톱니가 있고 표면은 녹색이며 뒷면은 면모가 밀생하며 회백색이다. 위로 갈수록 잎은 작아져 화서의 것은 선형이다.

꽃 7~10월에 연한 홍자색으로 피고 많은 두상화가 원추화서로 달린다. 두상화는 길이 2.5~3.5mm, 너비 1.5mm이다. 총포편은 4열로 배열하고 외편은 난형으로 끝이 둔하며 내편은 장타원형으로 끝이 둥글다.

열매 수과로 길이 1.5mm정도, 지름 0.5mm정도이다.

▼ 생육 초기

▼ 생육 중기

미국쑥부쟁이

Aster pilosus Willd.

생활형

다년생

분포

전국

형태

줄기 높이 30~120cm로 곧추 서고 근경은 굵고 짧으며 가지가 많이 갈라진다. 하부가 목질화해서 굴곡하고 까칠까칠하다. 가지는 줄기와 직립으로 붙고 끝은 종종 처진다.

잎 어긋나고 선상 피침형으로 길이 3~10cm, 너비 3~8mm이며 종종 낫모양으로 흰다. 엽두는 뾰족하며 가장자리는 거의 밋밋하다. 양면에 거의 털이 없으며 가장자리에 퍼진 털이 있다.

꽃 8~10월에 백색으로 피고 두상화는 가지와 줄기 끝에 달리며 지름 10~17mm이다. 총포엽은 3줄로 달리고 끝이 뾰족하며 외편은 끝이 뒤로 말린다. 설상화는 15~25개, 길이 6~9mm이다.

열매 수과로 황갈색이고 백색 관모가 있다.

▼ 생육 초기

▼ 생육 중기

▼ 화서

참고

외래종이다.

비짜루국화

Aster subulatus Michx.

생활형

하계일년생

분포

제주, 전남, 전북, 경기, 인천

형태

줄기 높이 40~150cm이며 원추형이고 많은 가지를 치며 전체에 털이 없다.

잎 어긋나고 뿌리에서 나온 잎은 주걱형이며 톱니가 없거나 성기게 둔거치가 있다. 줄기에서 나온 잎은 선형으로 길이 10~13cm, 너비 0.5~1cm이고 기부는 가볍게 줄기를 둘러싼다. 가지의 잎은 아주 작고 송곳형이다.

꽃 8~10월에 피고 두상화는 지름 5~6mm로 여러 개이며 원추화서를 만든다. 총포는 종형이며 높이 5~6mm이다. 설상화는 20~30개로 담자색이고 통상화는 황색이며 꽃이 진 후 관모는 계속 자라서 총포 밖으로 길게 초출된다.

열매 수과로 길이 2.5mm 정도이다.

▼ 두상화

▼ 초출한

참고

외래종이다. 유사종인 큰비짜루국화와 달리 경생엽에 잎자루가 없고 기부가 줄기를 둘러싸며 꽃이 진 뒤에 관모는 총포 밖으로 길게 빠져 나온다.

큰비짜루국화

Aster subulatus var.
sandwicensis A.G.Jones

생활형

하계일년생

분포

전국

형태

줄기 높이 50~120cm이고 곧추 서며 많은 가지를 치며 가지들은 다시 분지한다.

잎 어긋나고 길이 12~18cm로 아래쪽의 것은 엽병의 길이 1~4cm이고 좁은 장타원형으로 양 끝이 뾰족하다. 위쪽의 잎은 엽병이 없고 피침형 또는 선형이고 톱니가 거의 없다.

꽃 8~10월에 피며 두상화는 지름 10mm로 여러 개이고 원추화서를 이룬다. 총포는 종형으로 높이 6~7mm이고 설상화는 보라색이며 길이 5mm이다. 꽃이 시든 다음에도 관모는 꽃 밖으로 초출되지 않는다.

열매 수과로 짧은 털이 있다.

참고

외래종이다.

쑥부쟁이

Aster yomena (Kitam.)
Honda

생활형

다년생

분포

전국

형태

줄기 높이 30~100cm이며 곧추
서고 근경이 옆으로 길게 자라
며 상부에서 가지를 친다. 새싹
이 나올 때는 붉은 빛이 강하나
자라면서 녹색 바탕에 자줏빛이
돈다.

잎 어긋나고 난상 장타원형으로
길이 8~10cm, 너비 3cm 내외이
다. 엽두는 뾰족하며 엽저는 좁
아져 엽병처럼 된다. 표면은 윤
채가 있으며 가장자리를 제외하
고 거의 털이 없으며 거친 톱니
가 있고 위로 갈수록 작아진다.

꽃 7~10월에 연한 자색으로 피
고 가지와 줄기 끝에 산방상으
로 달리며 두상화는 3cm내외이
다. 총포편은 3렬로 배열하고
외편이 약간 짧으며 끝이 뾰족
하다.

열매 수과로 도란형이며 길이
3~3.5mm이고 관모는 0.5mm정도
이다.

▼ 생육 초기

▼ 생육

도깨비바늘

Bidens bipinnata L.

생활형

하계일년생

분포

전국

형태

줄기 높이 25~85cm이고 원줄기는 네모지며 털이 약간 있다.

잎 마주나고 엽병은 길이 3.5~5cm이고 위로 갈수록 작아지며 2회 우상으로 깊이 갈라지고 양면에 털이 약간 있다. 하부의 것은 때로 3회 우상으로 중렬하며 정렬편은 너비가 좁고 아래쪽에 몇개의 톱니가 있다.

꽃 8~10월에 황색으로 피고 가지와 줄기 끝에 달리며 두상화의 지름은 6~10mm이다. 화경의 길이 1.5~8.5cm이다. 총포는 통형이고 포편은 5~7개이며 선상장타원형으로 양면에 털이 있고 꽃이 필때에는 길이 2.5mm정도이나 열매가 달릴 때에는 5mm정도로 된다. 설상화는 1~3개로 결실하지 않는다.

열매 수과로 선형이며 3~4개의 능선이 있고 길이 12~18mm이다. 까락은 3~4개이다.

▼ 두상화

▼ 열매

참고

본종은 털도깨비바늘에 비해 잎이 2회 우상으로 깊이 갈라지고 정렬편은 너비가 좁으며 몇개의 톱니가 있다.

미국가막사리

Bidens frondosa L.

생활형

하계일년생

분포

전국

형태

줄기 높이 50~150cm이고 거의 털이 없으며 자갈색을 띠고 가지가 많이 갈라진다.

잎 마주나고 3~5개의 소엽으로 된 우상복엽이다. 소엽은 피침형으로 길이 3~13cm이고 끝은 길게 뾰족하며 밑은 급히 좁아진다. 가장자리에 톱니가 있으며 분명한 소엽병이 있다.

꽃 6~10월에 황색으로 피고 가지와 줄기 끝에 달려 원추화서를 이루며 두상화는 극히 짧은 설상화가 있다. 잎모양의 총포편으로 가리워지며 안쪽의 총포편 및 화상의 인편은 길이 5~9mm이다.

열매 수과로 주걱모양이며 길이 6~10mm이고 성숙하면 퍼지며 중앙의 것은 약간 좁고 외측의 것은 약간 넓다. 끝에 2개의 까락이 있다.

참고

외래종이다. 두상화는 대부분 통상화만 있으나 드물게 설상화가 있다.

▼ 생육 초기   ▼ 유

▼ 생육 중기

▼ 설상화가 있는 두

▼ 설상화가 없는 두

▼ 생육 중기

울산도깨비바늘

Bidens pilosa L.

생활형
하계일년생

분포
제주, 전남북, 경남북, 인천

형태
줄기 높이 50~110㎝이고 곧추 서며 4~6각이 졌다.

잎 마주나고 위쪽은 간혹 어긋 나며 잎자루가 있다. 엽신는 우 상으로 3~5열 되며 소엽은 난 형이다.

꽃 6~8월에 피며 두상화는 황 색으로 지름 1㎝정도, 설상화가 없고 통상화로만 이루어 졌다. 가지 끝에 1개씩 붙는다. 총포 편은 1열로 7~8개이고 주걱형 이며 통상화는 양성으로 황색이 다. 화상의 인편은 선형이다.

열매 수과로 선형이며 4각이 졌 으고 흑색으로 총포편보다 길고 관모가 변한 3~4개의 가시가 있다. 가시에는 아래를 향한 작 은 갈고리가 있다.

▼ 두상화

▼ 열매

참고
외래종이다.

가막사리

Bidens tripartita L.

생활형
하계일년생

분포
전국

형태

줄기 높이 20~150cm이고 가지를 치며 전체에 털이 없다.

잎 마주나고 중부의 잎은 엽병은 다소 날개가 있고 장타원상 피침형으로 길이 5~13cm이다. 보통 3~5개로 깊게 갈라지고 정렬편은 다른 것보다 크다. 측렬편은 약간 퍼지고 가장자리에 톱니가 있으며 위로 갈수록 점차 작아져 3개로 갈라진다.

꽃 양성이고 8~10월에 황색으로 피며 가지와 줄기 끝에 달리고 두상화의 지름은 25~35mm이다. 화경은 길이 4~15cm이다. 총포편은 도피침형으로 끝이 둔하며 5~10개이고 길이 1.5~4.5cm이다. 설상화는 없고 통상화는 길이 4~4.5mm이며 끝이 4개로 갈라진다.

열매 수과로 길이 7~11mm, 너비 2~2.5mm이고 가장자리와 능선 위에 거꾸로 된 침이 있다. 까락은 2개, 드물게 3~4개이고 길이 3~4mm이다.

▼ 생육 중기 　　　　　▼ 두

조뱅이

Breea segeta (Willd.)
Kitam. f. *segeta*

생활형

다년생

분포

전국

형태

줄기 높이 25~50cm로 단일 또는 상부에서 가지가 갈라지며 솜털로 덮여 있다. 근경은 길다.

잎 뿌리에서 나온 잎은 꽃이 필 때에 마르며 줄기에서 나온 잎은 어긋나고 엽병이 없으며 장타원상 피침형으로 길이 7~10cm이다. 엽두는 둔하고 엽저는 좁아지며 가장자리에 작은 가시가 있다. 뒷면에 백모가 밀생한다. 위로 갈수록 작아진다.

꽃 자웅이주로 5~8월에 홍자색으로 피고 지름 3cm정도의 두상화가 가지와 줄기 끝에 달린다. 수꽃의 총포는 18mm정도, 암꽃의 총포는 23mm정도이며 포편은 8개로 갈라지고 외편은 몹시 짧으며 장타원상 피침형이다. 중편은 피침형으로 끝이 짧게 뾰족하다. 수꽃의 화관은 길이 17~20mm, 암꽃의 화관은 26mm정도이다.

열매 수과로 길이 3mm정도이고 관모는 결실기에 길이 28mm정도이다.

 ▼ 유식물

▼ 생육 초기

▼ 생육 중기

 ▼ 두상화

지느러미엉겅퀴

Carduus crispus L.

생활형

동계일년생

분포

전국

형태

줄기 높이 70~100cm이며 가지가 갈라지고 세로로 두 줄의 녹색 날개가 있다. 날개에 가시로 끝나는 치아 모양의 톱니가 있다.

잎 뿌리에서 나온 잎은 꽃이 필 때에 마르고 줄기에서 나온 잎은 어긋나게 달리며 장타원상 피침형으로 길이 5~20cm이고 엽두는 뾰족하거나 둔하며 엽저는 엽병이 없이 줄기의 날개로 이어진다. 우상으로 중렬 또는 심렬하며 가장자리에 가시로 끝나는 톱니가 있고 뒷면에 거미줄 같은 백색 털이 있다.

꽃 6~9월에 홍자색 또는 드물게 백색으로 피고 두상화가 가지 끝에 달리며 두상화의 지름은 17~27mm이다. 총포는 종형으로 길이 20mm정도이고 포편은 7~8렬로 배열하며 외편일수록 짧아지고 선상 피침형으로 끝이 가시로 된다. 화관은 길이 15~16mm이다.

열매 수과로 길이 3mm정도, 지름 1.5mm정도이며 관모는 길이 15mm정도이다.

▼ 생육 초기

▼ 생육

▼ 화서와 줄기

▼ 두

참고

외래종이다.

중대가리풀

Centipeda minima (L.)
A.Br. & Asch.

생활형

하계일년생

분포

전국

형태

줄기 높이 10cm정도에 이르며 땅 위를 기면서 가지가 많이 갈라지고 여기저기서 뿌리를 내린다. 줄기 끝과 가지가 비스듬히 서고 길이 5~20cm로서 많은 잎이 달린다.

잎 어긋나고 주걱모양으로 길이 7~20mm이다. 엽두는 둔하고 엽저는 쐐기모양이며 윗부분에 약간의 톱니가 있고 뒷면에 선점이 있다.

꽃 7~10월에 피고 녹색으로 종종 갈자색을 띠며 잎짬에 지름 3~4mm의 두상화가 1개씩 달린다. 화경은 있거나 거의 없다. 총포편은 장타원형으로 길이가 같다. 양성화는 소수로 화관이 4열하고 암꽃은 극히 작으며 통모양으로 양성화보다 많다.

열매 수과로 길이 1.3mm정도이며 가늘고 거친 털이 있고 5개의 능선이 있다.

엉겅퀴

Cirsium japonicum var. *maackii* (Maxim.) Matsum.

생활형

다년생

분포

전국

형태

줄기 높이 50~100cm이며 곧추 서고 가지가 갈라지며 전체에 백색 털과 더불어 거미줄 같은 털이 있다.

잎 뿌리에서 나온 잎은 꽃이 필 때에 남아 있고 타원형 또는 피침상 타원형으로 길이 5~30cm, 너비 6~15cm이며 우상으로 갈라지고 우편은 6~7쌍이며 가장자리에 결각상의 톱니와 더불어 가시가 있다. 줄기에서 나온 잎은 피침상 타원형으로 밑이 줄기를 감싸며 소형이다.

꽃 5~8월에 자색으로 피고 지름 3~5cm의 두상화가 가지와 줄기 끝에 달린다. 총포는 지름 2cm내외이고 둥글다. 포편은 7~8렬로 배열하고 끝이 뾰족한 선형이다.

열매 수과로 길이 3.5~4mm이고 관모는 길이 16~19mm이며 백색이다.

▼ 생육

가시엉겅퀴

Cirsium japonicum var.
spinossimum Kitam.

생활형

다년생

분포

전국

형태

줄기 높이 50~100cm이다. 전체에 백색 털과 더불어 거미줄 같은 털이 있으며 가지가 갈라진다.

잎 뿌리에서 나온 잎은 꽃이 필 때에 남아 있고 줄기에서 나온 잎보다 크며 타원형 또는 피침상 타원형이고 길이 6~10cm이다. 잎의 밑부분은 좁으며 6~7쌍이 우상으로 갈라지고 양면에 털이 있다. 잎은 다닥다닥 달리고 가장자리에 결각상의 톱니와 더불어 가시가 있고 가시가 많으며 길이 6~10mm이다. 줄기에서 나온 잎은 피침상 타원형이며 원줄기를 감싸고 우상으로 갈라진 가장자리가 다시 갈라진다.

꽃 6~8월에 자색 또는 적색으로 피고 지름 3~5cm의 두상화가 가지끝과 원줄기 끝에 달리고 총포는 둥글며 길이 18~20mm, 지름 25~35mm이다. 포편은 7~8줄로 배열되어 있으며 겉에서 안으로 약간씩 길어지고 끝이 뾰족한 선형이다..

열매 수수과로 길이 3.4~4mm이며 관모는 길이 16~19mm이다.

큰엉겅퀴

Cirsium pendulum Fisch.
ex DC.

생활형

동계일년생

분포

전국

형태

줄기 높이 1~2m이며 근경은 짧고 가지가 많이 갈라진다. 종선이 있으며 거미줄 같은 털이 있다.

잎 뿌리에서 나온 잎은 꽃이 필 때에 마른다. 줄기에서 나온 잎은 어긋나며 하엽은 타원형으로 길이 40~50cm, 너비 20cm 정도이고 끝은 꼬리처럼 길며 밑은 엽병으로 좁아지고 우상으로 갈라지며 열편은 약 5쌍으로 성글게 나고 선형이며 가장자리에 결각상의 톱니가 있다. 중부의 잎은 엽병이 없고 우상으로 깊게 갈라진다.

꽃 7~10월에 자색으로 피고 지름 2.5~3.5cm의 두상화가 가지와 줄기 끝에 달려 밑으로 드리운다. 총포는 난형으로 길이 약 2cm이고 다소 거미줄 같은 털이 있으며 8렬로 배열하고 선형으로 종종 뒤로 젖혀진다. 화관은 길이 17~22mm이다.

열매 수과로 장타원형이며 4개의 능선이 있다.

▼ 유식물

▼ 개

▼ 두상화

실망초

Conyza bonariensis (L.)
Cronquist

생활형
동계일년생

분포
제주, 전남, 전북, 충남, 경남

형태
줄기 높이 40~80㎝로 곧추 서며 가지가 쳐서 주간보다 높아지며 회백색 털이 밀생한다.

잎 어긋나고 하부의 잎은 도피침형으로 때로 거친 톱니가 있으나 흔히 물결모양이다. 상부의 잎은 선형으로 가장자리가 밋밋하고 밀생한다.

꽃 4~9월에 황백색으로 피고 가지와 줄기 끝에 총상으로 달리며 두상화는 화경이 길고 설상화가 거의 없다. 소화는 외측의 것이 암꽃이고 내측의 것이 양성화이다. 총포는 종형이고 길이 4~6㎜이다. 포편은 3렬로 배열하며 선형으로 녹색이고 길이가 같지 않다.

열매 수과로 원추형이고 관모는 회색을 띤 백색이다.

▼ 두상화와 줄기의 털

▼ 두상화

참고
외래종이다.

망초

Conyza canadensis (L.)
Cronquist

생활형

동계(하계)일년생

분포

전국

형태

줄기 높이 50~200㎝이며 곧추
서고 전체에 굵은 털이 있다.

잎 뿌리에서 나온 잎은 주걱 같
은 피침형으로 톱니가 있고 꽃
이 필때에 마른다. 줄기에서 나
온 잎은 어긋나며 밀생하고 하
부의 것은 도피침형으로 길이
7~10㎝, 너비 0.8~1.5㎝이며 양
끝이 좁아지며 가장자리에 톱니
가 있거나 밋밋하며 위로 올라
가면서 작아져 선형으로 된다.

꽃 7~9월에 백색으로 피고 가
지와 줄기 끝에 총상으로 달려
전체적으로 큰 원추화서를 이루
며 두상화는 지름 3~5㎜정도로
작고 그 수가 많다. 총포는 종
형이며 지름 2.5㎜이다. 포편은
4~5열로 배열하며 선형이다.
설상화는 백색이며 끝에 뾰족하
게 2개로 갈라지고 자성이며 길
이 2.5~3.5㎜로 총포 밖으로 도
출된다.

열매 수과로 길이 1.2㎜이고 관
모는 길이 2.5~3㎜이다.

참고

외래종이다.

▼ 생육 중기

▼ 두상화(좌: 망초, 우: 큰

애기망초

Conyza parva (Nutt.)
Cronquist

생활형
동계일년생

분포
제주, 남부지방

형태
줄기 높이 20~100cm이며 털이 없다.

잎 줄기를 나선상으로 가볍게 감으며 펼쳐지며 좁은 주걱형 또는 선형으로 길이 3~7cm, 너비 0.2~0.5cm이다. 줄기 중앙부의 잎은 작은 거치가 있으며 위쪽의 것은 거치가 없다.

꽃 9~10월경 줄기 위쪽에 원추형의 화서가 생기며 두상화는 가지의 아래쪽에는 없고 위쪽에 달린다. 총포는 길이 3~5mm로 원통형이며 총포편은 3~4개로 털이 없고 끝 쪽에 암자색의 반점이 있다.

열매 수과이다.

참고
외래종이다.

큰망초

Conyza sumatrensis E.
Walker

생활형

동계(하계)일년생

분포

전국

형태

줄기 높이 80~180cm이고 암녹색이며 조모가 밀생한다.

잎 어긋나고 뿌리에서 나온 잎은 피침형으로 중거치가 거칠게 있다. 줄기에서 나온 잎은 피침형으로 한쪽에 5~9개의 거치가 있고 위쪽의 잎은 선형으로 톱니가 없다.

꽃 7~9월에 피고 두상화는 길이 5mm로 여러 개이며 커다란 원추화서를 이룬다. 총포는 난형인데 너비 4mm정도로 회녹색이며, 총포편은 피침형으로 3줄로 배열하고 끝이 예두이며 털이 있다. 설상화의 설상부는 작고 끝에 2치가 있으며 총포 밖으로 나오지 않는다. 관모는 길이 4mm정도이고 담회갈색이다.

열매 수과로 길이 1.2~1.6mm,너비 0.3~0.4mm이다.

▼ 생육

▼ 생육 중기(좌: 큰망초, 우: 망초)

▼ 두

참고

외래종이다.

주홍서나물

Crassocephalum crepidioides (Benth.) S. Moore

생활형

하계일년생

분포

제주, 전남북, 경남북, 충남북

형태

줄기 높이 30~70cm이고 곧추 서며 털이 성기게 있다.

잎 어긋나고 난형이며 불규칙하 게 우상 분열하고 가장자리는 크기가 다른 거치가 있다. 위쪽 의 잎은 좁은 장타원형이다.

꽃 7~9월에 피며 두상화는 모 두 아래를 향하여 매달리고 총 상화서를 이룬다. 총포는 원통 형이며 길이는 9~10mm로 기부 근처가 뚜렷하게 부풀었다. 설 상화는 없고 통상화는 긴 관상 인데 통부는 백색이고 판연은 적색이며 5열된다. 암술머리는 2개로 갈라지고 끈 모양이며 끝 이 가늘어 진다. 관모는 백색으 로 통부보다 짧다.

열매 수과로 백색 깃털이 있다.

▼ 생육 초기

▼ 두상화

참고

외래종이다.

고들빼기

Crepidiastrum sonchifolium (Maxim.) Pak & Kawano

생활형

동계일년생

분포

전국

형태

줄기 높이 12~80cm이며 곧추 서고 가지가 많이 갈라진다. 자줏빛이 돌며 털이 없다.

잎 뿌리에서 나온 잎은 꽃이 필 때에 있거나 없고 엽병이 없으며 장타원형으로 길이 2.5~5cm, 너비 14~17mm이며 가장자리가 빗살처럼 갈라지고 뒷면은 회청색이다. 줄기에서 나온 잎은 어긋나고 난형 또는 난상 장타원형으로 길이 2.3~6cm이며 엽두는 뾰족하고 엽저는 넓어져서 줄기를 크게 둘러싸며 불규칙한 결각상의 톱니가 있고 위로 갈수록 작아진다.

꽃 5~9월에 황색으로 피고 산방상으로 두상화가 달린다. 화경은 길이 5~9mm이고 포엽은 2~3개이다. 총포는 길이 5~6mm이고 외편이 작다. 화관은 길이 7~7.5mm, 너비 1.5mm로 끝이 5열하며 통부는 길이 1.5~2mm이다.

열매 수과로 편평한 원추형이며 길이 2.5~3mm로 12줄이 있으며 흑색이고 관모는 백색이다.

▼ 생육 초기

▼ 생육

▼ 추대기

▼ 두

가는잎한련초

Eclipta alba (L.) Hass.

생활형

하계일년생

분포

전국

형태

줄기 높이 10~60cm이며 곧게 자라고 전체에 센털이 있다. 가지는 잎짬에서 나오기 때문에 마주나고 다시 가지 끝에서 1개의 가지가 자란다.

잎 마주나고 엽병이 없거나 극히 짧다. 피침형이며 예두 예저이고 길이 3~10cm, 너비 5~25mm로서 양면에 굳센 털이 있다. 기부 가까이에 굵은 3맥이 있고 가장자리에 잔톱니가 있다.

꽃 여름에서 가을까지 피고 가지 끝과 원줄기 끝에 1개씩 달리며 지름 1cm내외이다. 화경은 길이 2~4.5cm이다. 총포는 꽃이 필 때는 구상 종형이고 길이 5mm정도, 너비 6~7mm이지만 열매가 익을 무렵에는 지름 11mm정도로 된다. 총포조각은 5~6개로서 녹색이고 긴 타원형이며 예두이다. 설상화관은 백색이고 길이 2.5~3mm, 너비 0.4mm정도로서 끝이 밋밋하거나 2개로 갈라진다. 통상화는 연한 녹색이며 꽃부리가 4개로 갈라진다.

열매 수과로 흑색으로 익고 길이 2.8mm정도로서 설상화의 것은 세모가 지지만 다른 것은 4개의 능각이 있으며 백색의 돌기가 있고 관모가 없다.

▼ 두상화

▼ 열매

한련초

Eclipta prostrata (L.) L.

생활형
하계일년생

분포
전국

형태
줄기 높이 10~60cm이며 곧추서거나 비스듬히 서고 가지는 마주나고 갈라지며 전체에 강모가 있어 까칠까칠하다.

잎 마주나고 엽병은 극히 짧거나 없고 위로 갈수록 작아진다. 피침형으로 길이 3~10cm, 너비 5~25mm이며 양끝이 뾰족하고 가장자리에 잔 톱니가 있다.

꽃 7~9월에 백색으로 피고 가지와 줄기 끝에 달리며 두상화는 지름 1cm 내외이다. 화경은 길이 2~4.5cm이다. 총포는 꽃 필 때는 구상 종형으로 지름이 5~7mm이나 열매가 달릴 때에는 11mm로 된다. 총포편은 5~6개이며 장타원형으로 끝이 뾰족하다. 설상화는 2열이고 끝은 밋밋하거나 2개로 갈라지며 통상화는 끝이 4개로 갈라지고 모두 결실한다.

열매 수과로 갈색으로 익고 길이 2.8mm정도이다. 가장자리에 2개의 날개가 있다.

▼ 두상화

▼ 생육 초기 ▼ 화서와 결실기

붉은서나물

Erechtites hieracifolia Raf.

생활형
하계일년생

분포
전국

형태
줄기 높이 30~150cm이며 곧추서고 상부에서 가지가 갈라지며 종선이 있고 붉은빛이 돈다.

잎 어긋나고 2~3개의 잎이 접근하여 달리며 피침형 또는 장타원형으로 길이 5~40cm이다. 엽두는 뾰족하며 중부 이상의 잎은 엽저가 줄기를 감싸고 가장자리에 예리한 치아모양의 톱니가 있으며 위로 갈수록 점차 작아진다.

꽃 9~10월에 연한 녹색으로 피고 줄기 끝에 원추화서로 달린다. 두상화는 원통형으로 밑부분이 약간 튀어나오고 길이 1.5cm, 너비 5mm정도이다. 밑부분에 소포가 있다. 총포는 꽃이 진 뒤에 굵어지고 화관은 길이 12~13mm이다.

열매 수과로 장타원형이며 길이 2~3mm이고 10개의 능선이 있다. 관모는 순백색으로 길이 14mm정도이다.

▼ 생육 중기

참고
외래종이다.

313

개망초

Erigeron annuus (L.) Pers.

생활형

동계일년생, 이년생, 다년생

분포

전국

형태

줄기 높이 30~100cm이며 곧추 서고 상부에서 가지가 많이 갈라지며 전체에 털이 있다.

잎 어긋나고 뿌리에서 나온 잎은 꽃이 필때에 마른다. 줄기에서 나온 아래쪽 잎은 난형 또는 난상 피침형으로 길이 4~15cm, 너비 1.5~7cm이다. 엽두는 뾰족하며 엽저는 좁아져 엽병의 날개로 되고 가장자리에 톱니가 있다. 위쪽의 잎은 좁은 난형 또는 피침형으로 양끝이 뾰족하고 톱니가 있거나 없다.

꽃 6~7월에 백색 또는 약간 자홍색으로 피고 가지와 줄기 끝에 산방상으로 달린다. 두상화의 지름은 약 2cm정도이다. 총포에 긴 털이 있다. 설상화는 100개 내외로 자성이며 관모는 흔적만 있다. 통상화는 황색으로 화관이 5개로 갈라지고 열편은 삼각상 피침형으로 긴 관모를 갖는다.

열매 수과로 관모가 있다. 길이는 0.7~0.9mm, 너비 0.2~0.4mm이다.

참고

외래종이다.

▼ 생육 초기   ▼ 생육

▼ 추대기   ▼ 줄기   ▼ 두

개망초   주걱개망초

봄망초

Erigeron philadelphicus L.

생활형

다년생

분포

서울, 경기, 인천, 대구

형태

줄기 30~80cm이며 속이 비었고 연한 털이 있다.

잎 뿌리에서 나온 잎은 길이 4~10cm로 좁은 도피침형이고 성긴 거치가 있으며 기부는 좁아져서 잎자루에 이른다. 줄기에서 나온 잎은 주걱형이고 엽저는 심장저로 줄기를 감싼다.

꽃 4~6월에 피고 두상화는 지름 2~2.5cm이며 산방상 원추화서를 이룬다. 꽃봉오리일 때 화서는 아래쪽을 향해 고개를 숙인다. 설상화는 연분홍색 또는 백색으로 150~400개이며 길이 5~10mm, 지름 0.5mm정도이다. 통상화는 길이 2.5~3.5mm이다.

열매 수과로 2줄의 맥이 있고 20~30개의 관모가 있다.

▼ 생육 중기

▼ 두상화

참고

외래종이다.

주걱개망초

Erigeron strigosus Muhl.

생활형

동계(하계)일년생

분포

경기, 강원, 경남북

형태

줄기 높이 30~100cm이고 곧추서며 표면에 상향의 털이 있다.

잎 뿌리에서 나온 잎은 주걱형으로 길이 3.5~8cm이고 잎 가장자리에는 톱니가 없으나 얕은 거치가 있는 경우도 있다. 줄기에서 나온 잎도 주걱형이며 잎 가장자리에는 톱니가 없다.

꽃 6~7월에 피며 두상화는 지름 14~15mm로 엉성한 원추화서를 이룬다. 총포편은 피침형이며 끝이 예첨두로 길이 3mm, 너비 0.5mm이다. 설상화는 자성이고 백색이며 120개 내외로 흔적적인 관모가 있다. 통상화는 양성으로 황색이며 여러 개이고 긴 관모가 있다.

열매 수과이다. 길이는 0.8~0.9mm, 너비 0.3~0.4mm이다.

참고

외래종이다.

털별꽃아재비

Galinsoga ciliata (Raf.)
S.F.Blake

생활형

하계일년생

분포

전국

형태

줄기 높이 10~50㎝이며 곧추 서고 가지를 친다.

잎 마주나고 난형이며 길이는 2~8㎝이고 한쪽에 5~10개의 조거치가 있다. 어린 가지나 줄기 마디에는 백색의 긴 털이 밀생한다.

꽃 6~9월에 피며 두상화는 지름 6~7㎜이다. 총포는 반구형이고 총포편은 5개로 표면에 선모가 있다. 설상화는 백색이고 5개로 설상부의 4㎜정도이고 끝이 3열된다. 관모는 좁은 능형이다. 통상화는 황색이고 화관이 5개로 갈라지며 관모는 끝이 뾰족하다.

열매 수과로 흑색이고 털이 있다.

▼ 유식물   ▼ 유식물

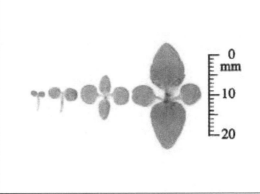

▼ 줄기   ▼ 두상화(좌: 털별꽃아재비, 우: 별꽃아재비)

참고

외래종이다.

별꽃아재비

Galinsoga parviflora Cav.

생활형

하계일년생

분포

전국

형태

줄기 높이 10~40cm이고 곧추 서거나 옆으로 누운다. 가지를 치고 윗부분에 털이 있다.

잎 마주나고 엽병은 2~10mm이 며 난형으로 길이 2~3.5cm, 너 비 1~2.5cm이다. 엽두는 예두 이고 엽저는 둔저이다. 한쪽에 5~8개의 얕은 거치가 있고 양 면에 털이 드물게 난다.

꽃 5~8월에 피며 두상화는 지 름 5mm정도이고 줄기와 가지 끝에 달린다. 총포는 반구형으 로 길이가 5~6mm이며 총포편 은 광타원형이다. 설상화는 5개 로 백색이며 설상부는 너비 2.5 mm이고 관모가 없다. 통상화는 황색으로 끝이 5개로 갈라지며 관모는 도피침형이고 둔두이며 긴 털이 있다.

열매 수과이다.

▼ 줄기

▼ 두

참고

외래종이다.

미국풀솜나물

Gamochaeta pensylvanica
(Willd.) Cabrera

생활형

이년생

분포

제주, 경남

형태

줄기 높이 10~50cm이며 기부에서 가지를 치며 곧추서고 전체에 백색의 솜털로 덮여 있으나 털이 드물게 나있다.

잎 도란형 또는 도피침형 모양을 띤 주걱형이며 개화기에는 기부의 잎은 시들고 상부의 잎은 엽병이 없다. 잎은 길이 2.5~8cm, 나비 6~21mm이다. 엽두는 넓은 피침형이고 가장자리는 전체 또는 약하게 물결모양을 이룬다.

꽃 4~6월에 피며 줄기 끝에 수상화서를 이룬다. 총포의 외총포편은 난형으로 길이 2~2.5mm이고 내총포편은 장난형으로 길이 3~3.5mm이다. 설상화는 길이 2~2.2mm로 암술만 있고 화관의 말단은 자주색을 띈다. 통꽃은 길이 2~2.2mm로 양성화이다.

열매 수과로 사마귀모양의 돌기로 덮여 있고 관모는 밑이 붙어 있다.

▼ 생육 초기　　　　　　▼ 두상화

참고

유사종인 자주풀솜나물에 비해 개화기에 기부에 잎이 시들고 잎에 털이 밀생하지 않으며 총포가 작다.

떡쑥

Gnaphalium affine D.Don

생활형

동계일년생

분포

전국

형태

줄기 높이 15~40cm이며 기부에서 갈라져 곧추 서고 전체에 백색털로 덮여 있어 흰빛이 돈다.

잎 뿌리에서 나온 잎은 꽃이 필 때에 마른다. 줄기에서 나온 잎은 어긋나며 주걱형 또는 도피침형으로 길이 2~6cm, 너비 4~12mm이다. 엽두는 둥글거나 뾰족하며 엽저는 좁아져 줄기로 흐르고 가장자리는 밋밋하다.

꽃 5~7월에 황색으로 피고 줄기 끝에 산방상으로 두상화가 모여 달린다. 암꽃은 실모양, 양성화는 통모양으로 모두 결실한다. 총포는 구상 종형으로 길이 약 3mm정도이며 포편은 3렬로 배열하고 누른빛이 돌며 난형 또는 장타원형이다.

열매 수과로 길이 0.5mm정도이고 관모는 황백색으로 길이 2.2mm정도이다.

▼ 생육 중기

▼ 두

풀솜나물

Gnaphalium japonicum
Thunb.

생활형

다년생

분포

중부 이남

형태

줄기 높이 8～25cm이며 1～10개가 총생하고 전체가 백색 털로 덮여 있다. 밑에서 옆으로 벋는 가지가 생겨서 번식한다.

잎 뿌리에서 나온 잎은 총생하고 꽃이 필때에도 남아 있으며 선상 도피침형으로 길이 2.5～10cm, 너비 4～7mm이고 표면은 녹색으로 털이 약간 있으나 뒷면에는 밀생한다. 줄기에서 나온 잎은 어긋나고 소수로 선형이며 길이 2～2.5cm, 너비 2～4mm이고 화서 밑에 3～5개의 잎이 별모양으로 달린다.

꽃 5～7월에 갈색으로 피고 두상화가 줄기 끝에 모여 달린다. 총포는 종형으로 길이 5mm정도, 너비 4～5mm이다. 포편은 3렬로 배열하며 끝이 둔하고 검은 적갈색이 돌며 외편이 보다 짧고 타원형이다.

열매 수과로 길이 1mm정도이고 관모는 길이 3mm정도로 백색이다.

자주풀솜나물

Gnaphalium purpureum L.

생활형

동계일년생

분포

제주

형태

줄기 높이 20~40cm이며 식물
체 전체가 긴 백색의 솜털로 덮
여 있다.

잎 주걱형이며 길이 3~6cm이
다. 잎의 표면은 털이 적으며
오래된 것은 털이 거의 없고 뒷
면은 우단처럼 긴 솜털이 밀포
되어 흰색을 띤다.

꽃 4~6월에 피며 줄기 끝에 밀
집된 수상화서를 이룬다. 총포
는 밑이 넓은 종형을 이루며 화
경과 총포 기부에 길이 4~6mm
의 부드러운 털이 밀집해 있다.
기부의 총포편은 모두 끝이 뾰
족하고 밤색 또는 적자색을 띤
다. 꽃은 통상화로만 이루어지
고 통상화는 길이 3mm 정도로
통부가 가늘고 길며 관모는 꽃
보다 길다.

열매 수과이다.

▼ 생육 중기(좌: 미국풀솜나물, 우: 자주풀솜나

참고

외래종이다.

▼ 생육 중기

▼ 개화기

뚱딴지

Helianthus tuberosus L.

생활형

다년생

분포

전국

형태

줄기 높이 150~300㎝이며 곧추 서고 상부에서 가지가 갈라진다. 전체에 짧은 강모가 있으며 지하경 끝에 괴경이 발달한다.

잎 어긋나고 장타원형으로 길이 10~20㎝, 너비 4~10㎝정도이다. 엽두는 뾰족하고 엽저는 좁아져 엽병으로 흘러 날개가 되며 가장자리에 톱니가 있다. 기부에 3개의 맥이 발달하며 양면에 강모가 있어 까칠까칠하다.

꽃 8~10월에 황색으로 피고 가지와 줄기 끝에 달리며 두상화의 지름은 6~8㎝정도이고 가장자리에 12~20개 이상의 설상화가 난다. 총포는 반구형이고 포편은 피침형으로 끝이 뾰족하다.

열매 수과로 비늘조각 모양의 돌기가 있다.

참고

외래종이다.

지칭개

Hemistepta lyrata Bunge

생활형

동계일년생

분포

전국

형태

줄기 높이 60~80cm이며 곧추 서고 때로 가지가 갈라지고 세로로 많은 홈이 있다.

잎 뿌리에서 나온 잎은 꽃이 필 때에 마른다. 줄기에서 나온 하부의 잎은 도피침상 장타원형으로 길이 7~21cm이며 두대우상으로 완전히 갈라지고 열편은 7~8쌍으로 밑으로 갈수록 점차 작아지며 톱니가 있다. 뒷면에 백색 솜털이 밀생한다. 잎은 위로 갈수록 작아져 선상 피침형 또는 선형으로 된다.

꽃 5~7월에 홍자색으로 피고 지름 2.5cm정도의 두상화가 가지와 줄기 끝에 달리며 꽃이 필때에 곧추 선다. 총포는 둥글며 길이 12~14mm, 너비 18~22mm이다. 포편은 8줄로 배열되며 등쪽 상부에 닭의 벼슬 같은 부속체가 있다. 화관은 길이 13~14mm이다.

열매 수과로 장타원형이며 길이 2.5mm정도, 너비 1mm정도이고 암갈색이다.

▼ 생육 초기　　　　▼ 생육

▼ 추대기　　　　▼ 두

서양금혼초

Hypochaeris radicata L.

생활형

다년생

분포

제주, 중·남부지방

형태

줄기 높이 30~50cm이고 군데 군데 길이 2~10mm의 인편이 붙고 후에 흑색이 된다.

잎 모두 뿌리에서 나온 잎이며 도피침형이고 길이 4~12cm, 너비 1~2cm이다. 4~8쌍으로 우상천열을 하며 양면에 황갈색의 긴 조모가 밀생한다.

꽃 5~6월에 등황색으로 피고 두상화는 지름 3cm정도로 가지 끝에 1개씩 달린다. 총포편은 3줄로 배열한다. 설상화는 통부 상단에 긴 털이 있고 관모의 길이는 통부의 1/2 정도이다.

열매 수과로 표면에는 가시 모양의 돌기가 밀생하고 아주 가느다란 부리가 있다.

▼ 생육 중기

▼ 개화기

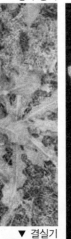

▼ 결실기

참고

외래종이다.

씀바귀

Ixeridium dentatum
(Thunb.) Tzvelev

생활형

다년생

분포

전국

형태

줄기 높이 20~50cm이며 곧추 서고 상부에서 가지가 갈라진 다. 근경은 짧고 드물게 짧은 포지를 내며 백색 유즙이 있어 쓴맛이 강하다.

잎 뿌리에서 나온 잎은 도피침 상 장타원형 또는 도피침형으로 엽두는 뾰족하고 엽저는 좁아져 엽병으로 이어지며 중부 이하에 치아모양의 톱니가 있거나 결각 이 약간 생긴다. 줄기에서 나온 잎은 2~3개로 피침형 또는 장 타원상 피침형이고 기부가 귀모 양으로 줄기를 감싼다.

꽃 5~7월에 황색으로 피고 지 름 15mm정도의 두상화가 줄기 끝에 산방상으로 달린다. 총포 는 길이 7~9mm, 너비 1~3mm이 다. 외편은 5~6개이며 소화는 5~7개이다.

열매 수과로 10개의 능선이 있 으며 관모는 연한 오갈색이다.

노랑선씀바귀

Ixeris chinensis (Thunb.)
Nakai

생활형

다년생

분포

제주, 중 · 남부지방

형태

줄기 높이 10~40㎝로 털이 없
고 상처를 받으면 유즙이 나오
며 기부에서 많은 가지를 친다.

잎 뿌리에서 나온 잎은 로제트
형으로 배열되며 도피침형으로
엽두는 뾰족하고 엽저는 좁아
져 잎자루에 이른다. 줄기에서
나온 잎은 1~2개이고 잎자루가
없고 기부는 줄기를 약간 둘러
싼다.

꽃 5~7월에 피며 황색이고 두
상화는 지름 2~2.5㎝이고 줄기
끝에 우산모양으로 배열된다.
설상화는 20~30개이고 설상화
끝은 치아모양으로 5개로 갈라
진다.

열매 수과로 길이 2㎜정도이며
관모는 백색이다.

벋음씀바귀

Ixeris debilis (Thunb.)
A.Gray

생활형

다년생

분포

전국

형태

줄기 높이 10~35cm이며 사방으로 포지를 벋고 마디에서 뿌리와 잎을 내어 번식한다. 화경은 잎이 없거나 1개 달린다.

잎 뿌리에서 나온 잎은 로제트형으로 퍼지고 도피침형 또는 주걱 비슷한 타원형으로 엽병을 포함하여 길이 7~35cm, 너비 1.5~3cm이다. 엽두는 둔하고 엽저는 엽병으로 이어지며 가장자리는 밋밋하거나 하반부에 톱니가 약간 있다.

꽃 5~7월에 황색으로 피고 지름 2.5~3cm의 두상화 1~6개가 화경 끝에 달린다. 총포는 통형으로 길이 12mm정도, 너비 6~7mm이다. 내편은 8~10개이며 외편이 짧아 내편의 1/3에 달한다.

열매 수과로 길이 7~8mm이며 좁은 방추형이고 깊은 홈과 긴 부리가 있다. 날개는 예리하다. 관모는 길이 7mm정도로 백색이다.

▼ 생육 초기

▼ 화서와

▼ 두상화

▼ 생육 초기

▼ 화서와 총포

벌씀바귀

Ixeris polycephala Cass.

생활형

동계일년생

분포

전국

형태

줄기 높이 15~40㎝이며 곧추 서고 밑에서도 가지가 나오고 털이 없다.

잎 뿌리에서 나온 잎은 꽃이 필 때에 남아 있거나 없어지며 선상 피침형으로 길이 12~17㎝, 너비 3~8㎜이다. 엽두는 뾰족 하거나 둔하며 엽저는 좁아지고 가장자리에 톱니가 약간 있거나 밋밋하다. 줄기에서 나온 잎은 어긋나고 피침형으로 길이 6~17㎝, 너비 10~17㎜이며 엽저는 화살모양으로 줄기를 감싼다.

꽃 5~7월에 황색으로 피고 지름 약 8㎜정도의 두상화가 줄기 끝에 산방상으로 달린다. 화경은 길이 6~28㎜이고 포엽은 1~2개이다. 총포는 통형으로 꽃이 필 때는 길이 7~8㎜, 너비 2.5~3.5㎜이고 외편은 난형이며 내편은 8개이고 소화는 20~25개 이다. 화관은 길이 8~8.5㎜이다.

열매 수과로 방추형이며 길이 4~5㎜이고 깊은 홈과 예리한 날개가 있다. 관모는 백색이며 길이 3.5~4㎜이다.

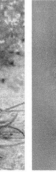

▼ 생육 중기

▼ 두상화

좀씀바귀

Ixeris stolonifera A.Gray

생활형

다년생

분포

전국

형태

줄기 높이 10cm가량으로 몹시 가늘고 가지가 갈라져 땅 위로 벋으면서 번식한다.

잎 어긋나고 엽병은 길이 1~5 cm이며 난상 원형이며 길이 7~20mm, 너비 5~15mm이다. 양 끝이 둥글고 가장자리는 밋밋하거나 톱니가 약간 있다.

꽃 5~6월에 황색으로 피고 지름 2~2.5cm의 두상화 1~3개가 화경 끝에 달린다. 총포는 길이 8~10mm이고 내편은 보통 9~10 개이다.

열매 수과로 좁은 방추형이며 길이 3mm정도이고 좁은 날개와 같은 길이의 부리가 있다. 관모 는 백색으로 길이 5mm정도이다.

▼ 생육 초기

선씀바귀

Ixeris strigosa (H.Lev. & Vaniot) J.H.Pak & Kawano

생활형

다년생

분포

전국

형태

줄기 높이 20~50cm이며 밑에서 여러 대가 나오고 전체가 백색을 띤다.

잎 뿌리에서 나온 잎은 꽃이 필 때에 남아 있고 로제트형으로 퍼지며 도피침형 또는 도피침상 장타원형으로 길이 8~24cm, 너비 5~15mm이다. 엽두는 뾰족하거나 둔하며 엽저는 좁아져 엽병으로 되고 가장자리에 치아모양의 톱니가 있거나 우상으로 갈라진다. 줄기에서 나온 잎은 1~2개로 길이 1~4cm이고 엽저는 줄기를 감싸나 귀모양은 아니다.

꽃 5~6월에 연한 자주색으로 피고 줄기 끝에 산방상으로 달리며 두상화는 지름 2~2.5cm이다. 총포는 길이 9~10mm, 지름 3~5mm이다. 포편은 2개로 갈라지며 소화는 23~27개이다.

열매 수과이며 10개의 능선이 있고 관모는 백색이다.

왕고들빼기

Lactuca indica L.

생활형

동계(하계)일년생

분포

전국

형태

줄기 높이 60~200cm로 곧추 서고 때로 상부에서 가지가 갈라진다. 뿌리는 방추형이며 전체에 털이 없다.

잎 뿌리에서 나온 잎은 꽃이 필때에 마른다. 줄기에서 나온 잎은 어긋나고 피침형 또는 장타원상 피침형으로 길이 10~30cm 이다. 엽두는 뾰족하며 엽저는 직접 줄기에 붙는다. 가장자리는 결각이거나 뒤로 젖혀진 우상으로 갈라지며 열편에 결각상의 톱니가 드문드문 있다. 뒷면은 분백색이다. 상엽은 소형으로 밋밋하다.

꽃 7~9월에 연한 황색으로 피고 지름 2cm정도의 두상화가 원추화서로 상향하여 핀다. 총포는 원주형으로 길이 10~15mm 이다. 내편은 8개이며 소화는 21~27개이다.

열매 수과로 길이 5mm정도이며 짧은 부리가 있고 관모는 길이 7~8mm로 백색이다.

▼ 유식물

▼ 두

▼ 생육 중기

▼

▼ 생육 중기

가는잎왕고들빼기

Lactuca indica f. *indivisa*
(Makino) Hara

생활형

동계일년생

분포

전국

형태

줄기 높이는 1~2m에 달하고 윗부분에서 가지가 갈라진다.

잎 뿌리에서 나온 잎은 꽃이 필 때 떨어진다. 줄기에서 나온 잎은 어긋나고 피침형이며 길이 10~30㎝이고 엽두는 뾰족하고 엽저는 직접 원줄기에 달린다. 표면은 녹색이고 뒷면은 분백색으로서 털이 없다. 잎이 갈라지지 않으며 작고 밋밋하거나 잔톱니가 있다.

꽃 원추화서는 20~40㎝로서 많은 두상화가 달린다. 두상화는 지름 2㎝정도이고 연한 황색이다. 총포는 밑부분이 굵어지고 길이 12~15㎜이며 내포편은 8개 정도이다.

열매 수과로 짧은 부리와 더불어 길이 5㎜정도이고 관모는 길이 7~8㎜로서 백색이다.

333

가시상추

Lactuca scariola L.

생활형

동계(하계)일년생

분포

제주를 제외한 전국

형태

줄기 높이는 20~80cm이며 곧추 선다.

잎 어긋나고 장타원형이며 길이는 10~20cm, 너비 2~7cm이다. 엽저는 이저로 줄기를 일부 싸며 가장자리에 작은 가시가 있다. 뒷면 주맥 위에 가시가 줄을 지어 배열된다.

꽃 7~9월에 피며 두상화는 지름 1.2cm정도로 6~12개의 설상화로만 이루어지며 원추화서를 만든다. 총포는 원통형이며 높이는 6~9mm이다. 설상화는 황색이며 끝이 치아모양으로 5개로 갈라진다.

열매 수과로 도란형이며 길이는 7mm정도이며 담갈색이고 길이 4~8mm의 부리 모양의 돌기가 있다. 관모는 백색이다.

참고

외래종이다. 잎 뒷면의 가운데 맥에 가시가 있다.

▼ 생육 중기

▼ 추대기

▼ 두

개보리뺑이

Lapsanastrum apogonoides (Maxim.) J.H.Pak & K.Bremer

생활형

동계일년생

분포

제주, 전남, 전북

형태

줄기 높이 4~20cm이며 총생하고 털이 많으나 점차 없어지고 가지는 밑으로 처진다.

잎 뿌리에서 나온 잎은 꽃이 필 때까지 남아 있고 로제트상으로 퍼지며 엽병이 길고 도피침상 장타원형으로 길이 4~10cm, 너비 1.5~2.6cm이다. 두대우상으로 갈라지며 끝이 둔하고 정렬편이 크며 양면에 털이 많으나 없어진다. 줄기에서 나온 잎은 1~3개이고 위로 갈수록 작아진다.

꽃 3~6월에 황색으로 피고 두상화가 줄기 끝에 우산모양으로 달린다. 화경은 뒤에 길이 1.5~5cm로 되고 두상화는 밑으로 드리운다. 총포는 원추형이고 열매가 달릴 때에 길이 5~6mm이다. 내편은 5개이고 소화는 6~9개이다. 화관은 길이 5~6.2mm이다.

열매 수과로 장타원형이며 길이 3~4.5mm으로 갈색이다.

족제비쑥

Matricaria matricariodes
Porter

생활형
하계일년생

분포
서울, 경기, 전북, 강원

형태
줄기 높이는 5~40cm로 기부에서 많은 가지를 치며 전체에 털이 없다.

잎 어긋나고 도피침형으로 2~3회 우상전열되고 열편은 선형이며 너비 0.3~0.6mm이다.

꽃 5~8월에 피고 두상화는 지름 6~8mm이며 담황색으로 가지 끝에 1개씩 달린다. 설상화가 없고 통상화로만 이루어지며 총포편은 장타원형으로 녹색이고 넓은 백색 막질이 가장자리에 있다. 통상화는 끝이 4개의 이빨 모양이 있다.

열매 수과로 장타원형이며 가볍게 각이 진다. 관모는 관상이다.

참고
외래종이다. 설상화가 없으며, 식물체에서 사과향이 난다.

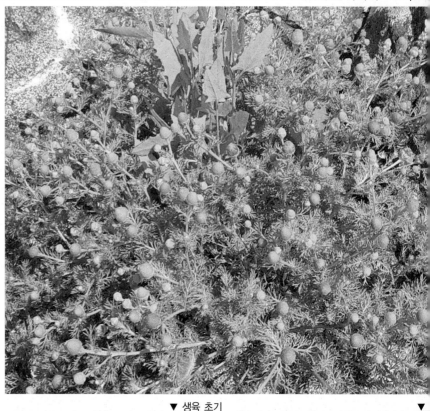
▼ 생육 초기

▼ 개화기

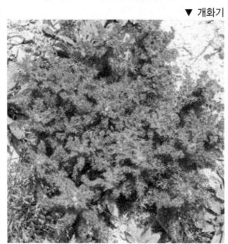

▼ 개화기

머위

Petasites japonicus
(Siebold & Zucc.) Maxim.

생활형

다년생

분포

전국

형태

줄기 원줄기는 없다.

잎 뿌리에서 나온 잎은 꽃이 진 뒤에 지하경 끝에서 총생하며 엽병은 길이 60cm, 지름 1cm로 윗부분에 홈이 생긴다. 신장상 원형으로 지름 15~30cm이다. 가장자리에 불규칙한 치아상 톱니가 있다. 처음에는 표면에 꼬부라진 털, 뒷면에 거미줄 같은 털이 있다.

꽃 전년도의 총생엽 복판에서 5~45cm의 꽃대가 생겨 4~5월에 백황색으로 피고 산방화서로 다닥다닥 달린다. 두상화의 지름은 4~7mm이고 화서 밑부분은 포로 둘러 싸인다. 화경은 길이 1~2.5mm이다. 수그루의 양성화는 결실하지 않고 암그루의 암꽃은 결실한다. 총포는 통형이고 포편은 2열로 배열하며 평행맥이 있다.

열매 수과로 원통형이고 길이 3.5cm정도, 지름 0.5mm정도로서 털은 없고 관모는 길이 12mm정도이고 백색이다.

개쑥갓

Senecio vulgaris L.

생활형

동계(하계)일년생

분포

전국

형태

줄기 높이 10~40cm로 속이 비었으며 가지가 갈라진다. 적자색을 띠고 처음에는 거미줄 같은 털이 있으나 없어진다.

잎 어긋나고 길이 3~5cm, 너비 1~2.5cm이며 우상으로 중렬 하거나 물결모양의 깊은 톱니가 있고 열편에는 불규칙한 톱니가 있다. 엽저는 좁아져 약간 줄기를 감싸나 하부의 잎은 엽병이 있다.

꽃 5~10월에 황색으로 피나 거의 연중 피기도 하며 줄기와 가지 끝에 우산모양으로 지름 6~8mm의 두상화가 달리며 설상화는 없다. 총포는 끝이 좁아진 원주형으로 길이 6~8mm이며 기부에는 끝이 검은 길이 2~3mm의 작은 포가 있다. 화관은 5개로 갈라지고 암술머리에 유두상의 돌기가 있으며 자방에 털이 약간 있다.

열매 수과로 원주상이며 길이 1.5~2.5mm이고 털이 있다.

▼ 생육 초기

참고

외래종이다.

▼ 생육 중기

줄기

진득찰

Sigesbeckia glabrescens
(Makino) Makino

생활형

하계일년생

분포

전국

형태

줄기 높이 35~100㎝이며 곧추
서고 가지는 마주 갈라지며 갈
자색을 띤다. 전체에 잔털이 있
으나 얼핏 보기에 털이 없는 것
같이 보인다.

잎 마주나고 중부의 잎은 난상
3각형으로 길이 5~13㎝, 너비
3.5~11㎝이다. 엽두는 뾰족하고
엽저는 급히 좁아져 긴 엽병으로
흐르며 가장자리에 불규칙한 톱
니가 있다. 뒷면에 선점이 있다.
기부에 3개의 맥이 있고 위로 갈
수록 작아져 장타원형 또는 선형
으로 되며 엽병이 없어진다.

꽃 8~9월에 황색으로 피고 가
지와 줄기 끝에 우산모양으로
달린다. 화경은 길이 1~3㎝이
다. 총포편은 5개이고 주걱모양
이다. 내편은 꽃을 둘러싸고 선
모가 밀생하나 탈락성이다.

열매 수과로 도란형이고 길이 2
㎜정도이고 4개의 능각이 있다.

▼ 두상화

참고

유사종인 털진득찰에 비해 전
체에 잔털이 있고 화경에 선모
가 없다.

제주진득찰

Sigesbeckia orientalis L.

생활형

하계일년생

분포

제주, 전남, 경남

형태

줄기 높이 20~55cm이고 차상으로 갈라지며 가지는 다시 차상으로 갈라져 전체로 70cm에 달한다. 전체에 잔털이 밀생한다.

잎 마주나고 중부의 잎은 난상 장타원형 또는 삼각상 난형으로 길이 5~14cm, 너비 3~12cm이다. 엽두는 뾰족하고 엽저는 좁아져 긴 엽병으로 흐르며 가장자리에 불규칙한 톱니가 있고 하부는 불규칙하게 천열한다. 뒷면에 선점이 있고 기부에 3개의 맥이 있다. 위로 갈수록 작아져 타원상으로 끝이 둔하다.

꽃 4~10월에 황색으로 피고 가지 끝에 우산모양으로 달리며 두상화의 지름 16~21mm이다. 화경은 길며 선모가 섞여 난다. 총포편은 5개이고 선모가 있다. 설상화관은 길이 2.2~2.5mm이고 3개의 톱니가 있다.

열매 수과로 길이 3~4mm, 지름 1mm정도이고 4개의 능선과 털이 있다.

참고

유사종인 진득찰과 털진득찰에 비해 줄기가 차상으로 갈라지고 잎의 하부는 불규칙하게 얕게 갈라진다.

▼ 생육 중기

▼ 두상화(측

▼ 두상화(정

털진득찰

Sigesbeckia pubescens
(Makino) Makino

생활형

하계일년생

분포

전국

형태

줄기 높이 60~120cm이고 가지가 갈라지며 백색 털이 밀생한다.

잎 마주나고 중부의 잎은 난형 또는 난상 삼각형으로 길이 7.5~19cm, 너비 6.5~18cm이다. 엽두는 뾰족하고 엽저는 급히 좁아져 긴 엽병으로 흐르며 가장자리에 불규칙한 톱니가 있다. 기부에 3개의 맥이 있으며 뒷면 맥 위에 긴털이 밀생한다. 위로 갈수록 작아지며 타원상으로 엽병이 없어진다.

꽃 8~10월에 황색으로 피고 가지와 줄기 끝에 산방상으로 달린다. 화경은 길이 15~35mm로 선모가 밀생한다. 총포편은 5개이고 선형으로 길이 10~12mm이며 탈락성의 선모가 있다. 설상화는 길이 3.5mm로 한 줄이고 암꽃이며 끝이 2~3개로 얕게 갈라진다.

열매 수과로 길이 2.5~3.5mm, 4개의 능선이 있고 털이 없다.

▼ 유식물　▼ 줄기

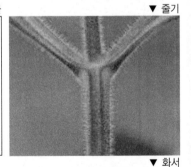

▼ 화서

참고

유사종인 진득찰에 비해 줄기와 잎 뒷면 맥 위에 흰색의 긴 털이 밀생한다. 화경에 흔히 선모가 있다.

큰방가지똥

Sonchus asper
(L.) Hill

생활형

동계(하계)일년생

분포

전국

형태

줄기 높이 40~120cm로 곧추 서며 남색이 도는 녹색으로 속이 비어 있다. 자르면 젖 같은 백색 즙액이 나온다.

잎 뿌리에서 나온 잎은 로제트형으로 퍼지고 꽃이 필때에 마른다. 줄기에서 나온 잎은 어긋나고 좁은 난상 장타원형으로 엽저는 둥근 귀모양으로 되어 줄기를 감싼다. 결각 또는 우상으로 갈라지고 가장자리의 톱니 끝은 굵은 가시모양으로 되며 두껍고 윤채가 있다. 위로 갈수록 잎은 작아진다.

꽃 5~10월에 황색으로 피고 줄기와 가지 끝에 지름 2cm정도의 두상화가 달린다. 총포는 난형이고 길이 1.2~1.3cm이며 외편이 가장 짧다.

열매 수과로 난상 장타원형이며 편평하고 양쪽에 3개의 능선이 있다. 주름이 없으며 관모는 길이 7~8mm로서 약간 흑백색이다.

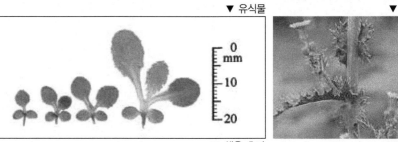

▼ 유식물

▼ 잎

▼ 생육 초기

▼ 두

▼ 겉

참고

외래종이다. 경엽의 밑이 둥근 귀모양으로 줄기를 감싸며 광택이 있고 톱니 끝이 굵은 가시모양이다.

사데풀

Sonchus brachyotus DC.

생활형

다년생

분포

전국

형태

줄기 높이 30〜100cm이고 근경이 옆으로 길게 벋으며 줄기는 곧추 서고 가지가 갈라지며 속이 비어 있다.

잎 뿌리에서 나온 잎은 꽃이 필 때에 마른다. 줄기에서 나온 잎은 어긋나고 좁은 장타원형으로 길이 12〜18cm, 너비 1〜2.8cm이다. 엽두는 둔하며 엽저는 좁아져 줄기를 감싸고 다소 귀모양으로 나온다. 가장자리는 밋밋하거나 결각 또는 치아상의 톱니가 있다. 표면은 녹색이나 뒷면은 분백색이다. 위로 갈수록 점차 작아진다.

꽃 8〜10월에 밝은 황색으로 피고 지름 3〜3.5cm의 두상화가 줄기 끝에 산형화서 비슷하게 달린다. 화경은 길이 1.2〜8cm이고 1〜2개의 포가 있다. 총포는 넓은 통형으로 길이 16〜20mm이고 면모가 밀생한다. 포편은 4〜5열이고 외편은 난형이다.

열매 수과로 5개의 능선이 있고 관모는 순백색이다.

▼ 생육 중기

▼ 두상화

방가지똥

Sonchus oleraceus L.

생활형

동계(하계)일년생

분포

전국

형태

줄기 높이 50~100cm로 곧추 서고 때로 가지가 갈라지며 속이 비어 있으며 능선이 있다.

잎 뿌리에서 나온 잎은 꽃이 필 때에 남아 있거나 없다. 줄기에서 나온 잎은 어긋나고 하엽은 장타원형 또는 넓은 도피침형으로 길이 5~25cm, 너비 5~8cm이다. 엽두는 뾰족하며 엽저는 엽병의 날개로 되고 우상으로 거의 완전히 갈라지며 끝에는 바늘 모양의 불규칙한 톱니가 있다. 중부이상 잎의 엽저는 귀모양으로 줄기를 감싸고 위로 갈수록 작아진다.

꽃 5~9월에 황색으로 피고 지름 2cm의 두상화가 거의 우산 모양처럼 달린다. 화경은 길이 1.5~5.5cm이고 선모가 있다. 총포는 길이 10~15mm이고 포편은 3~4열이며 능선을 따라 선모가 있다.

열매 수과로 길이 3mm정도이며 3개의 홈이 있고 가로줄이 있으며 관모는 길이 6mm정도로 백색이다.

▼ 생육

▼ 두상화　　　▼ 잎 기부(측면)　　　▼ 잎 기부(

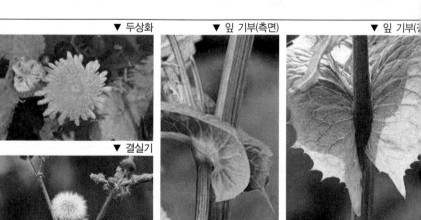

▼ 결실기

참고

외래종이다. 경엽 기부는 끝이 뾰족하고 가장자리에 있는 가시가 작다.

만수국아재비

Tagetes minuta L.

생활형
하계일년생

분포
제주, 전남, 경남

형태
줄기 높이 20~100cm이며 곧추 서고 전체에 털이 없고 냄새가 난다.

잎 어긋나거나 또는 마주나며 우상분열하고 열편은 선상 피침 형이며 5~15개로 길이 1.5~4cm 이고 선점이 산재한다.

꽃 7~9월에 피고 두상화는 원 주형이며 산방화서를 이룬다. 총포는 길이 8~14mm, 너비 2~3 mm로 갈색의 선점이 흩어져 있 다. 설상화는 2~3개이고 설상 부는 황색이며 통상화는 3~5개 이다.

열매 수과로 선형이며 길이 6.5~ 7mm이다. 흑갈색이며 털과 가시 모양의 관모가 있다.

참고
외래종이다.

흰민들레

Taraxacum coreanum
Nakai

생활형

다년생

분포

전국

형태

줄기 원줄기는 없다.

잎 뿌리에서 총생하고 도피침형으로 길이 7~25cm, 너비 1.4~6cm이다. 엽두는 뾰족하고 엽저는 점차 좁아지며 우상으로 갈라지고 잎 끝의 3각형 또는 장타원상 3각형이다. 잎 가장자리의 잎조각은 5~6쌍으로 밑으로 처지거나 수평으로 퍼지고 가장자리에 톱니가 있다.

꽃 4~6월에 백색으로 피고 지름 3~4cm의 두상화 1개가 화경 끝에 달린다. 두상화 바로 밑에 거미줄 같은 털이 있으나 없어진다. 화경은 꽃이 핀 뒤에 잎보다 훨씬 길어진다. 총포는 종형으로 연한 녹색이고 길이 15~19mm이며 외편은 난형 또는 난상 피침형으로 끝에 짧은 부리가 있다. 가장자리에 연모가 있으며 윗부분이 뒤로 젖혀진다.

열매 수과로 길이 3.5~4mm이며 홈과 돌기가 있다. 관모는 길이 7~9mm로 갈색이 도는 백색이다.

▼ 두상화

▼

붉은씨서양민들레

Taraxacum laevigatum DC.

생활형

다년생

분포

전국

형태

줄기 원줄기는 없다

잎 뿌리에서 나온 잎은 길이 8~15cm로 깊게 하향 톱니가 있는 우상분열을 하고 열편 사이에 작은 예거치가 있어 가장자리가 불규칙하다.

꽃 4~6월에 피며 두상화는 지름 2.5~3cm로 황색이고 70~90개의 설상화로 이루어지며 화경 끝에 1개씩 달린다. 화경은 길이 6~15cm이다. 총포편은 2줄로 배열하며 맨 바깥쪽 총포편은 끝이 아래쪽을 향하여 굽고 안쪽 총포편은 선형이며 굽지 않는다.

열매 수과로 방추형이며 적색이고 부리모양의 돌기가 있다. 관모는 어두운 백색이다.

▼ 총포

▼ 잎

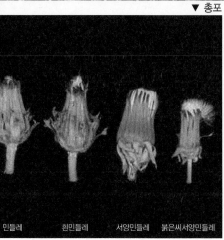

민들레   흰민들레   서양민들레   붉은씨서양민들레

민들레   흰민들레   서양민들레   붉은씨서양민들레

참고

외래종이다.

서양민들레

Taraxacum officinale
Weber

생활형

다년생

분포

전국

형태

줄기 원줄기는 없다.

잎 뿌리에서 총생하고 타원형으로 길이 7~25cm, 너비 1.5~6cm로 지면에서 사방으로 퍼진다. 엽저는 좁아지고 우상으로 깊게 갈라지며 잎 가장자리의 잎조각은 밑으로 처진다. 가장자리는 밋밋하고 양면에 털이 없다.

꽃 3~9월에 황색으로 피고 양성으로 단위생식을 하며 지름 2~5cm의 두상화 1개가 화경 끝에 달린다. 총포는 녹색 또는 검은빛이 돌고 외편은 좁은 피침형으로 내편의 1/2길이다. 꽃이 필때에 기부가 반곡하고 내편은 곧추 서며 부속체가 없다. 화상은 나출된다.

열매 수과로 편평한 방추형이며 길이 2~4mm이고 돌기가 많다. 갈색이고 윗부분이 부리처럼 길어진다. 관모는 백색으로 수과 끝에 산형으로 길게 퍼진다.

▼ 생육 중기

▼ 두상화

▼ 결

참고

외래종이다.

산민들레

Taraxacum ohwianum Kitam.

생활형

다년생

분포

전국

형태

줄기 원줄기는 없다.

잎 뿌리에서 총생하여 사방으로 퍼진다. 도피침형 또는 장타원상 도피침형으로 길이 9~20cm, 너비 2~5cm이나 때로 길이 36cm, 너비 7cm이다. 엽두는 둔하거나 뾰족하고 엽저는 좁아지며 우상으로 갈라진다. 잎 선단부의 잎조각은 삼각형이며 잎 가장자리의 잎조각은 좁은 삼각형으로 4~5쌍이고 밑으로 쳐진다. 양면에 털이 있다.

꽃 5~6월에 황색으로 피고 지름 약 2.5cm의 두상화 1개가 화경 끝에 달린다. 두상화 밑에 털이 밀생한다. 화경은 꽃이 필때에는 잎보다 작거나 거의 같은 길이이나 꽃 핀 뒤에 급격히 자란다. 총포는 열매가 달릴 때에 길이 15~20mm이고 외편은 난형 또는 장타원형으로 갈색이 돌고 윗부분에 뾰족한 돌기가 있다. 관모는 회갈색이다.

열매 수과로 갈색을 띤 타원형이다.

▼ 두상화(윗면)

▼ 두상화(측면)와 총포

민들레

Taraxacum platycarpum
Dahlst.

생활형

다년생

분포

전국

형태

줄기 원줄기는 없다.

잎 뿌리에서 총생하여 옆으로 퍼지며 도피침형으로 길이 6~30cm, 너비 1.2~5cm이다. 엽두는 둔하거나 드물게 뾰족하며 엽저는 좁아지고 우상으로 결각 또는 깊이 갈라진다. 잎 선단부의 잎조각은 삼각형이고 잎 가장자리의 잎조각은 6~8쌍으로 끝이 밑으로 처지며 밑으로 가면서 점차 작아진다. 가장자리에 톱니가 있으며 털이 약간 있다.

꽃 4~5월에 황색으로 피고 지름 3.5~4.5cm의 두상화 1개가 화경 끝에 달린다. 화경은 백색 털로 덮여 있으나 점차 없어지고 두상화 밑에만 밀모가 남는다. 꽃이 필때에는 잎과 길이가 같거나 짧다. 총포는 꽃이 필때에 길이 17~20mm이고 외편은 녹색으로 난상 장타원형, 드물게 난형이며 끝에 뿔 같은 작은 돌기가 있다.

열매 수과로 장타원형 또는 방추형으로 길이 3~3.5mm, 너비 1.2~1.5mm이며 황갈색을 띠고 퍼지는 가시 같은 돌기가 있다. 관모는 길이 6mm로서 연한 백색이다.

▼ 두상화

쇠채아재비

Tragopogon dubius Scop.

생활형

동계일년생

분포

충북 단양, 제천, 강원 영월

형태

줄기 높이 30~100cm로 가운데가 비어 있다. 뿌리는 직근이다.

잎 어긋나고 선상 피침형으로 길이 20~30cm이고 엽두는 뾰족하고 엽저는 줄기를 반쯤 둘러싼다.

꽃 5~6월에 가지 끝에 두상화가 피며 두상화 바로 밑의 꽃자루는 넓적하게 자란다. 총포는 종형이며 길이 4cm정도이고 같은 모양의 총포편 8~13개가 한 줄로 배열된다. 설상화는 담황색이고 길이 2.5~3cm이다. 열매는 길이 20mm내외이고 가는 방추형으로 능선 위에 작은 돌기물이 있으며 길이 30mm정도의 자루 끝에 관모가 붙는다. 관모는 백색이며 우상으로 갈라진다.

열매 수과이고 가는 방추 모양으로 8개의 능선이 있다. 관모는 흰색이다.

참고

외래종이다.

큰도꼬마리

Xanthium canadense Mill.

생활형

하계일년생

분포

전국

형태

줄기 높이 50~200cm이며 표면에 반점이 있고 거칠다.

잎 어긋나고 광란형이며 3개로 얕게 갈라지거나 중열이 된다. 가장자리는 크기가 다르고 끝이 뾰족한 톱니가 뚜렷하다.

꽃 8~9월에 피고 원추화서를 이루며 자웅동주이다. 수꽃의 두상화는 둥글며 화서 끝에 달리고 암꽃은 수꽃 밑에 부착한다. 암꽃의 총포는 길이 2~2.5cm, 너비 1~1.8cm로 타원형이고 위쪽에 부리 모양의 2개의 돌기가 있다. 끝이 갈고리 모양인 길이 3~6mm의 가시가 밀포한다. 총포의 표면은 털이 없고 사마귀 모양의 선점이 산재한다.

열매 총포에 2개의 종자가 들어 있다.

참고

외래종이다.

▼ 유식물

▼ 생육

▼ 생육 중기

▼ 화서와

도꼬마리

Xanthium strumarium L.

생활형
하계일년생

분포
전국

형태
줄기 높이 20~150cm이고 곧추서며 가지가 많이 갈라지고 잔털이 있다.

잎 어긋나고 엽병은 길이 3.5~10cm이며 난상 삼각형으로 길이 5~15cm로 3~5개로 얕게 갈라지고 불규칙한 톱니가 있다. 엽저는 얕은 심장형이고 3개의 큰 맥이 있으며 양면에 강모가 있어 까칠까칠하다.

꽃 자웅동주로 8~9월에 황색으로 피고 가지와 줄기 끝에 원추상으로 달린다. 수꽃의 두상화는 둥글고 끝에 달리며 많은 소화가 있다. 암꽃의 두상화는 밑부분에 달리며 총포편의 외측 1렬은 작고 퍼지며 내편의 것은 합착해서 타원형으로 된다. 표면에 갈고리모양의 가시가 있으며 그 속에 화관이 없는 2개의 암꽃이 있다.

열매 수과로 총포에 싸여 있다. 총포에는 2개의 종자가 들어있다.

참고
외래종이다.

뽀리뱅이

Youngia japonica
(L.) DC.

생활형

동계일년생

분포

전남

형태

줄기 높이 15~100cm로 곧추 서고 가지가 갈라지기도 하며 전체에 잔털이 있다.

잎 뿌리에서 나온 잎은 로제트형으로 나며 도피침형으로 길이 8~25cm, 너비 1.7~6cm이다. 두대우상으로 깊게 갈라지며 잎 선단부의 잎 조각은 삼각상 난형으로 크고 잎 가장자리의 잎 조각은 밑으로 갈수록 작아진다. 가장자리에 불규칙한 톱니가 있다. 줄기에 달린 잎은 0~4개이고 위로 갈수록 작아진다.

꽃 5~6월에 황색으로 피고 지름 7~8mm의 두상화가 줄기와 가지 끝에 산방상 원추화서로 달린다. 따뜻한 곳에서는 연중 꽃이 핀다. 총포는 좁은 원주형으로 길이 4~5mm이고 회록색이며 내편은 8개이고 외편은 난형으로 짧다. 화관은 길이 5~8mm이고 통부는 길이 2~3mm이다.

열매 수과로 길이 2mm정도로서 11~13개의 능선이 있고 관모는 백색으로 길이 3~3.2mm이다.

▼ 생육 중기

▼ 두

354

반하

Pinellia ternata (Thunb.)
Breitenb.

생활형

다년생

분포

전국

형태

줄기 지하경은 구형으로 상부에서 뿌리가 나고 지름 1cm 정도이다.

잎 1~2개이고 엽병은 길이 8~20cm로 중앙에 육아가 달리며 3개의 소엽으로 된다. 소엽은 소엽병은 거의 없고 타원형에서 장타원형의 변이가 있고 길이 3~12cm, 너비 1~5cm이다. 가장자리는 밋밋하며 합점에 육아가 생기기도 한다.

꽃 6~7월에 피고 육수화서로 달린다. 화경은 높이 20~40cm이다. 불염포는 녹색이고 통부는 길이 1.5~2cm이다. 현부는 피침형으로 끝이 둥글고 안쪽에 잔털이 있다. 화서는 밑에서 12~20mm까지 포와 유합하고 한쪽에 암꽃이 밀생하며 약간 떨어진 윗부분에 수꽃이 달리고 이어지는 부속체는 길이 6~10cm로 비스듬히 선다. 꽃밥은 황백색이다.

열매 장과는 녹색이며 작다.

▼ 생육 조기   ▼ 주아

사마귀풀

Aneilema keisak (Hassk.)
Hand.-Mazz.

생활형

하계일년생

분포

전국

형태

줄기 높이 10~30cm이며 녹색이나 홍자색이 돌고 엽초로부터 이어서 한쪽으로 일렬의 털이 있다.

잎 좁은 피침형으로 길이 2~7cm, 너비 4~10cm이며 엽두는 점차 뾰족해지고 기부에 길이 1cm내외의 엽초가 있다. 엽초의 앞면과 가장자리에 털이 있다.

꽃 8~9월에 연한 홍색으로 피고 잎짬과 가지 끝에 1개씩 달린다. 극히 드물게 포의 잎짬에서 1~2개 다시 나오는 수가 있고 화경은 길이 1.5~3cm이다. 꽃받침조각은 피침형으로 길이 약 4mm이고 끝이 둔하다. 꽃잎은 3개로 난형이며 길이 약 5mm이고 수술은 3개로 수술대 하부에 흰색 털이 있으며 3개의 헛수술이 있다.

열매 삭과로 타원형이다.

▼ 생육 초기

▼ 생육

▼ 생육 초기

▼ 생육 중기

닭의장풀

Commelina communis L.

생활형

하계일년생

분포

전국

형태

줄기 높이 15~50cm로 하부가 옆으로 벋으며 마디에서 뿌리를 내고 가지가 갈라진다.

잎 어긋나고 난상 피침형으로 길이 5~8cm, 너비 1~2.5cm이다. 엽두는 뾰족하고 기부는 길이 1~1.5cm의 막질 엽초로 된다. 엽초는 입구에 긴 털이 있다.

꽃 7~9월에 하늘색으로 피고 잎짬에서 나온 길이 2~3cm의 화경 끝의 총포 안쪽에 수개의 꽃이 취산상으로 달린다. 하나씩 총포 밖으로 나와서 피고 하루 만에 시든다. 총포는 넓은 심장형이고 안으로 접히며 끝이 갑자기 뾰족해지고 길이 2~3cm이다. 겉에 털이 있거나 없다. 꽃받침조각은 3개로 타원형이며 길이 약 4mm정도이다. 꽃잎의 2개는 크고 거의 원형으로 너비 약 1cm이며 기부에 긴 손톱 모양이 있고 1개는 피침형으로 백색이며 작다. 2개의 수술은 길게 나오고 4개의 헛수술 중 1개는 길다.

열매 삭과로 타원형이다.

357

골풀

Juncus effuusus var. *decipiens* Buchenau

생활형

다년생

분포

전국

형태

줄기 높이 25～100cm로 곧추 서고 원주형으로 뚜렷하지 않은 종선이 있으며 속이 차있으며 근경은 옆으로 벋고 절간이 짧다.

잎 줄기 밑부분에 달리며 초상의 인편으로 되어 있고 보통 홍자색을 띠며 윤채가 있다.

꽃 6～9월에 연한 녹색으로 피고 줄기 상부의 옆에 취산화서로 달리며 맨 밑의 포는 잎 모양으로 곧추 서고 2개의 맥이 있으며 길이 10～20cm로 줄기 끝처럼 보인다. 화피편은 피침형으로 길이 2～3mm이고 끝이 뾰족하며 길이가 같다. 수술은 3개이고 화피보다 약간 짧으며 꽃밥은 장타원형으로 수술대보다 짧다.

열매 삭과로 세모진 난형 또는 타원형으로 끝이 둔하고 갈색이다.

▼ 화서

▼

꿩의밥

Luzula capitata
(Miq. ex Franch. & Sav.)
Kom.

생활형

다년생

분포

전국

형태

줄기 높이 10~30cm로 총생하고 곧추 서며 근경은 구형이고 뿌리는 갈색이다.

잎 뿌리에서 나온 잎은 선형으로 종종 구부러져 있으며 길이 7~15cm, 너비 2~6mm이고 상부는 점차 좁아져 끝이 딱딱하며 가장자리에 백색의 긴 털이 많다. 줄기에서 나온 잎은 2~3개이고 뿌리에서 나온 잎보다 소형이며 엽초 상단에 백색 털이 밀생한다.

꽃 4~5월에 피고 보통 적갈색을 띠며 줄기 끝에 1(드물게 2~3)개의 두상화가 달리고 최하의 잎모양의 포는 화서보다 길다. 화피편은 6개이고 넓은 피침형으로 길이 2.5~3mm이며 끝이 둔하고 가장자리는 백색 막질이며 내외편이 같다. 수술은 6개로 꽃잎의 1/2 길이이며 꽃밥은 수술대보다 길다.

열매 삭과로 세모진 난형이며 꽃잎과 길이가 거의 비슷하고 갈색 또는 흑갈색이다. 종자는 도란형으로 길이 1mm정도이고 침이 있다.

▼ 두상화(수술)

▼ 두상화(암술)

애괭이사초

Carex laevissima
Nakai

생활형

다년생

분포

전국

형태

줄기 높이 15~40㎝로 총생하며 세모지고 상부가 거칠며 근경은 짧다.

잎 편평하고 너비 2~3㎜이며 줄기보다 짧고 흔히 흑색 반점이 생기며 엽초는 앞쪽이 높아지고 주름이 있다.

꽃 5월에 피고 많은 소수가 수상화서로 빽빽이 달리며 화서는 짧은 원주형으로 길이 2~5㎝이고 포가 거의 없다. 소수는 넓은 난형으로 길이 5~8㎜이고 보통 자웅성이나 때로 일부가 단성이다. 암꽃의 인편은 좁은 난형으로 길이 3㎜정도이고 끝이 뾰족하며 가장자리의 백색 막질부가 넓고 뒤에 1맥이 있으며 구리빛이다. 과포는 좁은 난형으로 길이 3~3.5㎜이고 긴 부리의 위쪽은 약간 거칠며 2개로 얕게 갈라진다.

열매 수과로 둥근 타원형이며 암술대 끝은 깊게 2열한다.

▼ 화서

괭이사초

Carex neurocarpa Maxim.

생활형

다년생

분포

제주를 제외한 전국

형태

줄기 높이 30~60cm이고 총생하며 둔한 삼각꼴로 곧추 서고 밋밋하며 전체에 녹색의 작은 반점이 있다. 근경은 짧다.

잎 편평하고 너비 2~4mm이며 황록색이다.

꽃 5~6월에 피고 줄기 끝에 많은 소수가 밀집하여 난상 원주형의 화서를 만든다. 소수는 난상 원형으로 길이 4~8mm이고 위쪽에 수꽃, 아래쪽에 암꽃이 나며 화서의 길이는 2.5~6cm이다. 화서 기부에 방사상으로 퍼지는 잎 모양의 긴 포가 있다. 암꽃의 인편은 넓은 난형으로 녹색의 줄이 있고 끝은 짧은 까락으로 끝난다. 과포는 편평한 난형으로 겉에 맥이 많고 양쪽 가장자리에 톱니가 있는 날개가 있으며 끝은 2열한다.

열매 수과로 편평한 난상 타원형이고 암술머리는 2개이다.

방동사니

Cyperus amuricus Maxim.

생활형

하계일년생

분포

전국

형태

줄기 높이 20~60cm로 곧추 서고 세모지며 뿌리는 수염뿌리로 총생한다.

잎 줄기 아래쪽에 뿌리에서 나고 선형으로 너비 2~6mm이며 끝이 좁아져 처지고 기부의 엽초는 줄기를 감싼다.

꽃 8~10월에 피고 화서는 길이 4~10cm이며 화수는 화서 가지 끝에 단생 한다. 화경은 길이가 같지 않고 포는 잎 모양이다. 소수는 선형으로 길이 7~12mm이고 적갈색이며 10~20개의 꽃이 달린다. 인편은 넓은 도란형으로 길이 1.5mm이고 끝이 둥글며 중앙맥은 녹색이고 끝은 약간 뒤로 젖혀지고 돌기로 끝난다. 암술대는 끝이 세 개로 갈라지고 수술은 2개이다.

열매 수과이며 도란형으로 3개의 능선이 있고 흑갈색이며 흑색의 잔 점이 있다.

방동사니아재비

Cyperus cyperoides (L.) Kuntze

생활형

다년생

분포

제주, 전남, 경남

형태

줄기 높이 30~80cm이며 근경은 짧고 밑부분이 약간 굵어진다.

잎 너비 3~6mm이고 줄기 밑부분에 달리며 엽초는 검은 적갈색이다.

꽃 8~10월에 녹색으로 피고 화서는 단순하며 5~15개의 약간 짧은 가지를 내나 거의 두상으로 모여 달리고 화수는 원주형으로 길이 1.5~3cm이다. 포는 4~5개로 잎 모양이고 화서보다 길다. 소수는 선상 피침형으로 길이 4~5mm이고 거의 수평으로 퍼지며 1~2개의 꽃이 나고 기부에 관절이 있다. 인편은 장타원형으로 길이 3mm정도이고 안쪽으로 말린다. 암술대는 끝이 3개로 갈라진다.

열매 수과이며 길이 2mm정도, 좁은 장타원상 선형으로 3개의 둔한 능선이 있다.

▼ 화서(개화 초기)   ▼ 화서(종자 성숙기)

알방동사니

Cyperus difformis L.

생활형

하계일년생

분포

전국

형태

줄기 높이 15~60cm로 총생하고 연약하며 몇개의 잎이 있다.

잎 너비 2~5mm이며 엽초는 황갈색이다.

꽃 8~10월에 피고 화서는 단순하며 복생 또는 전체가 1개의 구상화서로 되며, 많은 소수가 밀집하여 지름 0.8~1.5cm의 구상화서를 만든다. 포는 2~3개로 엽상이며 긴 것은 화서보다 훨씬 길다. 소수는 선형으로 길이 3~10mm이고 흑갈색이며 10~20개의 꽃이 달린다. 인편은 도란형으로 길이 약 0.5mm이고 끝이 둥글면서 파지며 능선은 녹색이고 뾰족하다.

열매 수과이며 세모진 도란형으로 인편과 길이가 거의 같고 색이 연하며 암술머리는 끝이 세개로 갈라진다.

▼ 생육

참방동사니

Cyperus iria L.

생활형
하계일년생

분포
전국

형태
줄기 높이 20~60cm로 다소 총생하고 가늘지만 비교적 단단하며 기부에 2~3개의 잎이 달린다.

잎 너비 2~6mm이고 줄기보다 짧으며 엽초는 줄기를 감싼다.

꽃 6~8월에 피고 화서의 많은 것은 복생하며 길이 5~15cm, 너비 3~10cm이고 가지는 3~5개로 긴 것은 15cm에 달하고 많은 소수로 된 길이 5~12mm의 난상 타원형인 화수가 비스듬히 달리며 황색이다. 총포는 4~5개로 긴 것은 화서보다 길다. 소수는 선상 장타원형으로 길이 5~10mm이고 10~20개의 꽃이 달린다. 인편은 넓은 난상 원형으로 길이 1~1.5mm이고 끝이 둥글거나 얕게 파지며 짧은 돌기가 있다.

열매 수과이며 세모진 도란형으로 인편보다 약간 짧고 갈색이다. 암술머리는 3렬 한다.

▼ 화서(좌: 참방동사니, 우: 금방동사니)

금방동사니

Cyperus microiria Steud.

생활형

하계일년생

분포

전국

형태

줄기 높이 20~60cm이며 한개 또는 2~3개씩 모여 나고 기부에 1~3개의 잎이 달린다.

잎 너비 2~6mm이고 줄보다 짧으며 엽초는 줄기를 감싼다.

꽃 8~9월에 피고 화서는 복생하며 길이 5~12cm, 너비 7~10cm이고 가지는 5~10개로 가늘며 긴 것은 10cm 정도이며 가지 끝에 소수가 다소 성글게 달린 길이 2~4cm의 난형인 화수가 약 3개씩 장상으로 달리며 황갈색이다. 총포는 3~4개로 긴 것은 화서보다 훨씬 길다. 소수는 선형으로 길이 7~12mm이고 10~20개의 꽃이 달린다. 인편은 넓은 도란형으로 길이 1.5mm 정도이고 중륵은 녹색으로 곧추서며 둥근 끝에 뾰족한 돌기가 있다.

열매 수과이며 길이 1mm 정도로 인편보다 짧다. 암술머리는 세개로 갈라진다. 본 종은 방동사니에 비해 인편은 연한 황색 또는 황갈색을 띠며 끝의 돌기는 짧고 곧추 선다.

▼ 화서

푸른방동사니

Cyperus nipponicus
Franch. & Sav.

생활형

하계일년생

분포

전국

형태

줄기 높이 5~30㎝로 총생하고 잎은 너비 1~2.5㎜로서 연한 녹색이며 줄기보다 짧거나 길고 엽초는 갈색이며 때로 일부 적갈색을 띤다.

잎 너비 1~2.5㎜로서 연한 녹색이며 화경보다 긴 것도 있다. 엽초는 갈색이며 때로는 부분적으로 자색을 띤 경우도 있다.

꽃 8~9월에 백록색으로 피고 화서는 줄기 끝에 소수가 밀집하여 두상으로 모여 지름 1.5~2.5㎝이며 때로 1~5개의 짧은 가지를 내기도 한다. 총포는 2~3개로 화서보다 몹시 길다. 소수는 편평한 피침형이고 길이 3~7㎜, 10~30개의 꽃이 2열로 달린다. 인편은 난형으로 길이 1.7~2㎜이고 엷은 막질로 끝이 뾰족하며 중륵은 녹색이다.

열매 수과로 난상 타원형이고 길이 약 0.8㎜정도이며 암술대는 수과의 1.5~2배 길고 암술머리는 3렬 한다.

367

쇠방동사니

Cyperus orthostachyus
Franch. & Sav.

생활형

하계일년생

분포

전국

형태

줄기 높이 20~70cm이며 총생하고 기부에 몇 개의 잎이 달린다.

잎 너비 3~8mm이고 종종 줄기보다 약간 길며 엽초는 황갈색이다.

꽃 8~10월에 피고 화서는 복생하며 길이 10~25cm, 너비 8~20cm이고 가지는 4~8개로 긴 것은 20cm 이상이다. 가지 끝에 소수가 밀집한 길이 2~3cm의 화수 1~3개가 두상으로 달린다. 총포는 3~4개이고 화서보다 몹시 길다. 소수는 약간 편평한 선형으로 길이 5~10mm이고 검은 적갈색이며 8~20개의 꽃이 달린다. 인편은 넓은 타원형으로 길이 약 1.2mm정도이고 끝은 둥근 절두이다.

열매 수과이며 세모진 도란형으로 길이 1mm정도이고 흑갈색이다. 암술대는 수과와 길이가 비슷하며 암술머리는 세 개로 갈라진다.

방동사니대가리

Cyperus sanguinolentus
Vahl

생활형

하계일년생

분포

전국

형태

줄기 높이 10~40cm이며 총생하고 기부가 비스듬히 서고 밑의 마디에서 뿌리를 낸다.

잎 줄기의 밑부분에 달리며 너비 1~3mm이고 줄기보다 짧으며 엽초는 녹색이 도나 기부는 갈색을 띤다.

꽃 7~10월에 피고 화서는 소수의 짧은 가지를 내나 때로 3~10개의 소수가 모여 두상으로 되며 지름 1.5~3.5cm이다. 총포는 2~3개로 수평으로 달리고 화서보다 길다. 소수는 편평한 장타원형 또는 피침형으로 길이 1~2cm, 너비 2.5~3mm이며 검은 적갈색이고 15~30개의 꽃이 달린다. 인편은 넓은 난형으로 길이 2.5~3.5mm이고 끝이 둔하며 양측에 홈이 있다.

열매 수과이며 넓은 도란형으로 길이 1mm 정도이며 좌우로 편평하다. 암술대는 수과의 3배 길고 암술머리는 2열한다.

▼ 화서

바람하늘지기

Fimbristylis miliacea (L.) Vahl

생활형

하계일년생

분포

전국

형태

줄기 모여 나고 편평한 네모이며 높이 10~60cm이고 하부는 2~3개의 엽초로 싸인다.

잎 좁은 선형으로 너비 1.5~2.5mm이고 2열로 나고 좌우가 편평하며 끝은 점차 뾰족해지며 엽초는 연한 갈색 또는 갈색이다.

꽃 7~10월에 피고 화서는 몇 번 갈라지며 많은 소수가 별같이 달리고 가지의 긴 것은 8cm에 달한다. 포는 2~4개로 짧은 가시모양으로 된다. 소수는 구형으로 너비 2.5~4mm이고 적갈색이다. 인편은 난형으로 길이 약 1mm이며 막질이다. 암술머리는 3개이고 꽃밥은 1~2개이다.

열매 수과이며 도란형으로 길이 0.6mm정도이며 세모지고 백색을 띠며 표면의 세포는 옆으로 긴 타원형이다.

파대가리

Kyllinga brevifolia Rottb.

생활형

다년생

분포

전국

형태

줄기 높이 5~25cm로 곧추 서고 근경은 옆으로 길게 벋으며 거의 인접한 마디에서 줄기와 뿌리를 내며 적갈색의 인편으로 덮여 있다.

잎 길이 5~8cm, 너비 2~4mm 이며 엽초는 갈색 또는 적갈색이다.

꽃 7~10월에 피고 줄기 끝에 지름 5~12mm의 구형 두상화가 1개, 드물게 2~3개 달린다. 포는 2~3개로 잎같이 길다. 소수는 조밀하게 나며 녹색이다. 소수는 장타원상 피침형으로 좌우에서 편평해지고 길이 3~3.5mm이며 4개의 인편이 있으나 1개의 꽃이 난다. 인편은 좁은 난형으로 색이 연하나 적갈색의 무늬가 있다.

열매 수과이며 도란형으로 갈색이고 암술대는 끝이 2열한다.

▼ 화서

세대가리

Lipocarpha microcephala
(R.Br.) Kunth

생활형

하계일년생

분포

전국

형태

줄기 높이 5~30cm로 곧추 서고 모여 나며 세모지고 전체가 백록색이다. 수염뿌리를 낸다.

잎 뿌리에서 나오며 선형으로 너비 1~2mm이고 화경보다 짧고 엽초는 갈색이 돈다.

꽃 8~10월에 피고 화서는 난원형의 화수 1~3개가 모여 나며 2개 내외의 잎모양의 꽃받침이 길게 밑으로 비스듬히 퍼진다. 화수는 많은 소수가 밀집하고 축은 약간 신장하며 소수는 3개의 인편과 1개의 꽃으로 구성되고 밑부분에 관절이 있다.

열매 수과이며 장타원형이고 앞뒤가 편평하며 길이 1mm 정도로 연한 황색이고 2개의 인편으로 싸여 있다. 암술대는 수과 길이의 1/2로 끝이 2개로 갈라진다.

▼ 생육 중기

뚝새풀

Alopecurus aequalis var. *amurensis* (Kom.) Ohwi

생활형
동계일년생

분포
전국

형태
줄기 높이 20~40cm이다. 모여 나며 4~5개의 마디가 있다.

잎 엽신은 길이 5~15cm, 너비 1.5~5mm이며 편평하고 흰색을 띤 녹색이다. 엽설은 길이 2~5mm이고 막질이며 반원형 또는 난형이다. 엽초는 밋밋하고 털이 없으며 절간보다 짧다.

꽃 · 화서 4~6월에 피고 원추화서로 달리며 원주형이며 길이 3~5cm이며 연한 녹색이다. 소수는 길이 2~3.5mm이며 타원형으로 납작하고 1개의 소화가 있다. 좌우의 포영은 기부가 약간 합생하며 3개의 맥이 있고 중앙맥 위에 부드러운 털이 줄지어 나며 측맥 기부에도 털이 있다. 호영은 길이 2.5~2.8mm이다. 안쪽으로 말려 아래쪽 가장자리의 중앙까지 붙고 5개의 맥이 있으며 중앙맥 등쪽 기부 가까이에서 까락이 나와 소수 밖으로 나온다. 내영은 없고 수술은 연한 황색이다.

털뚝새풀

Alopecurus japonicus
Steud.

생활형
동계일년생

분포
남서해안 지역

형태
줄기 높이 20~60cm이다. 3~4개의 마디가 있다.

잎 엽신은 선형으로 백록색이며 길이 3~15cm, 너비 3~8mm이다. 엽초는 절간보다 짧으며 밋밋하다. 엽설은 백색의 막질로 끝이 둔두이며 길이 2~4mm이다.

꽃·화서 5~6월에 피며 화서는 길이가 3~10cm, 너비 5~10mm로 원주형이다. 소수는 길이 5~6mm로 타원형으로 납작하고 1개의 소화가 있다. 포영은 2개로 모양과 크기가 같고 3맥이며 중앙맥을 경계로 용골을 이루며 용골부 위에 긴 털이 줄지어 난다. 호영은 길이 5~6mm이고 막질이며 5맥이 있고 가장자리는 하반부에 약간 붙어있고 호영의 기부 조금 위에서 분리되어 긴 까락이 생기며 까락 길이는 10~12mm이다. 내영은 없거나 미미하다. 수술은 3개, 꽃밥은 백색으로 길이 1mm정도이다.

참고
외래종이다.

나도솔새

Andropogon virginicus L.

생활형

다년생

분포

전남북, 충남, 경남, 울산

형태

줄기 높이는 50~120cm이다. 여러 개가 모여서 나고 기부로부터 직립하고 마디에는 털이 없다.

잎 엽신은 길이 10~30cm, 너비 2~5mm로 중앙맥을 경계로 접힌다. 엽설은 높이 0.6mm정도이다. 엽초는 편평하고 등 쪽이 용골이 있으며 절간보다 길다. 줄기 위쪽의 잎은 잎새가 퇴화되어 포엽이 된다.

꽃 · 화서 10~11월에 피며 줄기의 상반부와 끝의 포엽에 2개 이상의 총이 포엽에 싸여 있다. 포엽은 여러 개의 총을 감싸고 총은 길이 2~3cm이며 화축에 백색의 긴 털이 있다. 각 마디에 무병의 양성소수와 유병의 무성소수가 짝지어 있다. 양성수는 길이 2~4mm로 2개의 포영은 모양과 크기가 같고 단단하며 제1소화는 1개의 호영만 남고 퇴화되며 제2소화는 임성이다. 호영은 투명 막질이며 중앙맥이 길이 1~2cm의 가는 까락으로 되어 소수 밖으로 초출된다. 유병의 무성소수는 퇴화되어 길이 4~5mm의 자루만 남으며 길고 연한 털이 있다.

참고

외래종이다.

조개풀

Arthraxon hispidus (Thunb.) Makino

생활형

하계일년생

분포

전국

형태

줄기 높이 20~50cm이다. 땅 위를 기면서 마디에서 뿌리를 내고 많은 가지가 나와 곧추선다.

잎 엽신은 좁은 난형으로 길이 2~6cm, 너비 1~2cm이고 가장자리는 기부에서 1/3까지 혹이 있는 긴 털이 빗살모양으로 난다. 엽초의 짧고 기부에 혹이 있는 긴 털이 성기게 나거나 털이 없다. 엽설은 길이 1~2mm로 가장자리에 털이 난다.

꽃·화서 8~9월에 피고 화서는 길이 2~5cm이며 3~15개의 총이 장상으로 갈라져 녹색에서 흑갈색의 유병소수와 무병소수가 짝을 이루어 2열로 달리지만 유병소수는 퇴화되어 인편모양의 흔적만 남아있다. 무병소수는 2개의 포영이 길이 4~6mm로 같은 크기이며 제1포영은 두껍고 5~7맥이며 제2포영은 투명한 막질로 투명하고 1맥이다. 제1소화는 무성이고 호영은 길이 2mm이다. 제2소화는 양성이며 호영은 길이 1~2mm로 막질이고 등쪽에 나는 까락은 소수 밖으로 길게 나가는 것에서 없는 것까지 변이가 크고 내영은 호영과 같은 크기이거나 없다.

메귀리

Avena fatua L.

생활형
동계일년생

분포
전국

형태
줄기 높이 30~100cm이다. 모여 나고 곧추 서며 마디는 3~6개 이다.

잎 엽신은 선형으로 길이 10~30 cm, 너비 5~10mm으로 어긋나고 털이 없으나 극히 드문드문 있고 표면이 깔끔거린다. 엽설은 길이 4mm이다. 엽초는 원통형으로 기부까지 갈라진다.

꽃·화서 5~6월에 피고 원추화 서로 화서는 길이 15~30cm이고 가지는 반윤상으로 나며 성기 게 소수가 붙는다. 소수는 길이 18~25mm, 2~3개의 소화가 있 고 소화의 기반에 짧은 털이 모 여 나며 아래를 향하여 늘어진 다. 포영은 2개가 같은 모양과 크기이며 넓은 피침형으로 끝이 뾰족하고 길이 18~25mm로 용골 이 없으며 7~11맥이다. 호영은 길이 14~20mm로 포영보다 짧고 용골이 없으며 7~9맥으로 표면 에 연한 털이 있고 끝은 2개의 열편으로 갈라진다. 등쪽 중앙 에서 길이 25~40mm의 꼬인 원 기둥모양의 까락이 달린다. 내 영은 호영보다 짧고 2개의 용골 상반부에 잔털이 줄지어 난다. 영과에 누운 털이 있고 호영과 내영에 싸인 채로 떨어진다.

참고
외래종이다.

개피

Beckmannia syzigachne
(Steud.) Fernald

생활형

동계일년생

분포

전국

형태

줄기 높이 20~90㎝이다. 총생하고 직립하며 약간 굵고 연약하며 2~4개의 마디가 있다. 전체가 밝은 녹색이다.

잎 엽신은 길이 7~20㎝, 너비 4~10㎜이다. 분록색이며 편평하고 거칠며 털이 없다. 엽설은 길이 3~6㎜로 난형 또는 삼각형으로 얇은 막질이다. 엽초는 절간보다 길며 밋밋하다.

꽃·화서 5~7월에 원추화서로 달린다. 화서는 길이 15~35㎝로 곧추 서고 좌우로 5~10개의 가지가 호생하며 가지는 길이 1~5㎝이고 기부에서 끝까지 한쪽으로 녹색의 소수가 2열로 달린다. 소수는 길이와 너비 3~3.5㎜이고 옆으로 납작하며 부채꼴 모양이다. 2개의 포영은 같은 크기 같은 모양으로 길이 3.0~3.5㎜이고 용골이 1개는 3맥이 있으며 주머니 모양으로 소화를 감싼다. 호영은 길이 3.0~3.5㎜으로 피침형이며 백색으로 5맥이 있으며 끝은 짧고 뾰족하다. 내영은 2맥으로 호영과 같거나 약간 짧다.

방울새풀

Briza minor L.

생활형

동계일년생

분포

제주, 전남

형태

줄기 높이 10~60cm이다. 총생하며 직립한다. 마디는 2~4개이며 곧추 서고 전체가 녹색이다.

잎 엽신은 길이 3~14cm, 너비 3~9mm이다. 어긋나며 타원상 피침형으로 끝이 뾰족하고 밑은 비스듬히 엽초로 흐른다. 엽설은 난상 피침형으로 백색 막질이며 중앙맥은 뚜렷하지 않고 표면과 가장자리는 약간 까칠까칠하다. 엽초는 절간보다 짧고 털이 없다.

꽃·화서 4~6월에 연한 녹색으로 피고 원추화서로 달리며 화서는 길이 4~20cm이다. 가지는 2~3회 갈라지고 실같이 가늘며 그 끝에 소수가 달린다. 소수는 난형 또는 원형이며 납작하고 길이와 너비 3~5mm이고 4~8개의 소화로 이루어진다. 포영은 2개로 제1포영은 길이 2~3.5mm으로 거의 원형이고 상부는 안으로 말리며 3맥이 있다. 제2포영은 길이 2~3.5mm으로 원형이고 3~5맥이 있다. 호영은 반달 모양으로 기부가 이저이며 길이 2~3mm이고 7~9맥이 있다. 내영은 원형으로 1~2mm로 초영외 2/3길이이며 용골에 짧은 털이 있다. 영과는 호영과 내영에 의해 싸여 있다.

참고

외래종이다.

참새귀리

Bromus japonicus Thunb.

생활형

동계일년생

분포

전국

형태

줄기 직높이 30~70cm이다. 3~5개의 마디가 있다.

잎 엽신은 길이 15~30cm, 너비 3~7mm이다. 어긋나게 달리고 선형이다. 엽초는 절간보다 길고 원통형으로 연한 털이 있다. 엽설은 반원형의 막질로 길이 1~2.5mm이다.

꽃·화서 6~7월에 원추화서로 달린다. 화서는 길이 15~25cm이고 너비 5~10cm이며 가지는 하부에서는 윤생하고 많은 것은 마디에서 1~3개씩 난다. 소수는 길이 15~35mm이고 너비 5~7mm로 6~10개의 소화가 성기게 달린다. 제1포영은 길이 4~6.5mm로 3맥이고 제2포영은 길이 6~8mm로 7~9개의 맥이있다. 호영은 길이 8~12mm로 타원형이며 끝이 둥글고 오목하게 들어간 곳에서 길이 5~16mm의 까락이 나온다. 내영은 길이 7~8mm로 용골부에는 긴 털이 성기게 한 줄로 난다. 수술은 3개이고 꽃밥은 길이 약 1mm이다.

▼ 화서

털빕새귀리

Bromus tectorum L.

생활형
동계일년생

분포
전국

형태
줄기 높이 20~50cm이다. 2~5개의 마디가 있다.

잎 엽신은 선형으로 길이 5~12cm, 너비 2~5mm이다. 어긋나고 양면에 잔털이 밀생한다. 엽초는 원통형으로 밑을 향한 털이 밀생한다. 엽설은 길이 3~5mm로 가장자리가 찢어진 모양이다.

꽃·화서 5~7월에 원추화서로 핀다. 화서는 길이 4~18cm이고 중축의 각 마디에 2~7개의 가지가 반윤생하여 아래를 향한다. 소수는 길이 1.2~2.0cm이고 2~8개의 소화가 있다. 포영은 피침형이며 모두 표면에 털이 있다. 제1포영은 길이 5~7mm로 1맥이고 제2포영은 길이 7~10mm로 3개의 맥이 있다. 호영은 길이 9~12mm로 표면에 긴 털이 나며 끝이 둘로 갈라지고 사이에서 길이 12~15mm의 까락이 나온다. 내영은 호영의 3/4길이이며 양측 용골 위에 부드러운 털이 줄지어 난다.

참고
외래종이다.

큰이삭풀

Bromus catharticus Vahl

생활형

다년생

분포

전국

형태

줄기 높이 40~100cm이다. 총생하며 4~5개의 마디가 있다.

잎 엽신은 길이 10~30cm, 너비 3~10mm이고 털이 없다. 엽설은 높이 3~5mm이다. 엽초는 둥글며 짧고 연한 털이 있으며 위쪽의 것은 털이 없다.

꽃·화서 5~8월에 원추화서로 핀다. 높이는 10~40cm이고 아래쪽 가지는 길이 10cm 내외에서 2~4가지가 생겨 옆으로 펼쳐지며 성기게 1~4개의 소수가 붙는다. 소수는 길이 15~40mm로 장타원형이며 6~12개의 소화가 붙고 납작하다. 제1포영은 길이 10~15mm으로 3~5맥이다. 제2포영은 길이 11~17mm이고 5~7맥으로 중앙맥을 경계로 강하게 접힌다. 호영은 옆으로 납작하며 광피침형으로 길이 1.2~2cm이고 용골이 있으며 9~13개의 맥이 있다. 호영 끝에 길이 1~3mm이내의 짧은 까락이 있다. 내영은 호영 길이의 1/2이며 용골 상반부 가장자리에 짧은 털이 있다. 폐쇄화이며 꽃밥의 길이는 0.5mm정도이다.

▼ 소수

참고

외래종이다.

고사리새

Catapodium rigidum (L.)
C.E.Hubb.

생활형

동계일년생

분포

전남, 경남

형태

줄기 높이 15~40cm이다. 2~5
개의 마디가 있으며 직립하거나
비스듬히 선다.

잎 엽신은 선형으로 길이는
1~10cm, 너비 0.5~2.0mm이고
노쇠하면 윗면으로 말린다. 엽
설은 막질이며 길이 1~3mm이고
둔두이다. 엽초는 마디사이와
거의 같은 길이이고 털이 없다.

꽃·화서 4~5월에 원추화서
로 피며 길이 1~10cm이다. 소수
는 한쪽으로 치우쳐 붙고 길이
5~8mm로 4~10개의 소화로 이
루어진다. 포영은 2개이며 제1
포영이 피침형으로 길이 1.5~2
mm이고 1맥이다. 제2포영은 타
원형으로 길이 2mm정도이고 3
개의 맥이 있다. 호영은 길이
2~3mm이고 타원형으로 3개의
맥이 있으며 까락은 없다. 내영
은 호영과 거의 같은 길이이며
용골부 위쪽에 섬모가 있다. 수
술은 3개이고 꽃밥의 길이는 1
mm정도이다.

▼ 생육 중기

▼ 화서

참고

외래종이다.

나도바랭이

Chloris virgata Sw.

생활형

하계일년생

분포

경기도, 전북, 전남

형태

줄기 높이 20~50cm이다. 총생하며 4~6개의 마디가 있다. 기부에서 구부러지고 옆으로 누운 마디에서 뿌리를 낸다.

잎 엽신은 길이 5~25cm, 너비 4~7mm이다. 기부에 많은 것이 모여 나고 선형으로 중앙맥을 따라 둘로 접혀진다. 엽설은 길이 0.8mm 정도로 가장자리에 가늘고 짧은 털이 있다. 엽초는 밋밋하고 등쪽에 용골이 있으며 줄기 최상부의 것은 비대한다.

꽃·화서 8~10월에 수상화서로 피고 길이 5~7cm이다. 줄기 끝에 4~10개가 총이 장상으로 달리고 담색이며 때로 자색을 띤다. 화서의 길이는 3~8cm이고 화축의 한쪽으로 무병의 소수가 빈틈없이 두줄로 배열된다. 소수는 길이 3~3.5mm이고 2개의 소화가 있으며 아래쪽의 소화는 임성이며 위쪽은 무성으로 퇴화하여 호영만 남아 있다. 포영은 한 개의 맥이 있고 모두 끝이 까락이 되며 제1포영은 길이 2.0~2.5mm, 제2포영은 길이 3.0~3.5mm이다. 임성소화의 호영은 길이 3mm정도이고 가죽질로 끝이 2개의 뾰족한 톱니로 갈라지고 그 사이에서 길이 1~1.5cm의 황갈색 까락이 나며 맥의 상부에 긴 털이 있다. 내영은 호영보다 약간 짧고 2개의 맥이 있으며 용골에 작은 털이 난다. 무성소화는 호영 끝에 길이 8~15mm의 까락이 있다.

참고

외래종이다.

개솔새

Cymbopogon tortilis var. *goeringii* (Steud.) Hand.-Mazz.

생활형
다년생

분포
전국

형태
줄기 높이 60~100cm이며 7~9개의 마디가 있고 짧은 지하경에서 총생하며 잎과 더불어 향기가 있다.

잎 엽신은 좁은 선형으로 길이 15~40cm, 너비 3~5mm이다. 엽설은 삼각형으로 높이 1~3mm이다. 엽초는 절간보다 짧고 밋밋하다.

꽃 · 화서 8~10월에 직립하여 피며 화서는 길이 20~40cm이다. 엽신이 없어진 엽초에서 짧은 가지가 나온다. 가지 끝에서 2개의 총이 나와 좌우 2분하여 일직선의 모양을 한다. 총은 길이 1.5~2cm로 분백색 또는 적자색으로 소수가 촘촘히 달린다. 한 개의 총을 만드는 소수 중에서 최하위 1쌍은 모두 무병으로 웅성이며 그 외의 소수는 유병(웅성)소수와 무병(양성)소수가 짝을 지어 마디마다 붙는다. 소수는 길이 5mm내외, 유병소수는 까락이 없고 무병소수는 까락이 있다. 양성인 무병소수는 4개의 껍질이 있다. 제1포영은 가장자리에 용골을 만들고 용골에 날개가 붙는다. 제2포영은 배 모양으로 제1포영에 싸인다. 제1소화의 호영은 막질이다. 제2소화의 호영은 길이 2mm로 끝이 깊게 2개의 톱니로 갈라지며 사이에서 길이 8~12mm의 까락이 달린다. 웅성인 유병소수는 호영과 내영이 없고 까락도 없다. 수술은 3개이다.

우산잔디

Cynodon dactylon (L.) Pers.

생활형

다년생

분포

제주, 남서해안 지역

형태

줄기 높이 15~40cm이다. 땅 위로 벋으며 드문드문 가지를 낸다. 마디에서 뿌리가 나며 가지는 곧추 선다.

잎 엽신은 짧은 선형으로 길이 3~8cm, 너비 1.5~4mm이다. 엽설은 길이 0.2~0.3mm, 가장자리에 가늘고 짧은 털이 난다. 엽초는 좌우로 편평하고 입구부에 연모가 난다.

꽃·화서 5~8월에 수상화서로 피고 녹백색 또는 흑자색이다. 화서는 길이 2.5~5cm이고 줄기 끝에서 2~7개가 장상으로 퍼진다. 화서(화축)는 길이 3~5cm, 무병의 소수가 2열로 빈틈없이 배열한다. 소수는 길이 2~3mm로 1개의 소화가 있다. 포영은 둘 다 막질로 1맥이고 중앙맥을 따라 용골이 있다. 제1포영은 길이 1.5mm정도, 제2포영은 길이 2mm정도이다. 호영은 길이 2~3mm로 소수와 길이가 같고 혁질로 광택이 있으며 3맥이고 등쪽이 용골과 측맥상에 부드러운 털이 난다. 내영은 호영과 길이가 같고 2맥이다. 수술은 3개이다.

오리새

Dactylis glomerata L.

생활형

다년생

분포

전국

형태

줄기 높이 15∼140cm이다. 곧추 서고 마디는 3∼5개이다.

잎 엽신은 선형으로 길이 10∼45cm, 너비 4∼14mm이다. 끝이 좁아져 뾰족하고 표면에 털이 없다. 엽설은 길이 4∼10mm로 삼각상으로 막질이다. 엽초는 등 쪽이 접혀 용골을 만든다.

꽃·화서 4∼7월에 분록색의 원추화서로 달리며 길이는 2∼30cm이다. 소수는 2∼6개의 소화로 이루어져 있다. 소수는 타원형 또는 쐐기꼴이며 아주 납작하고 길이는 5∼9mm이며 가지 끝에 한쪽으로 몰려 밀집하여 난다. 포영은 성숙하면 떨어지고 제1포영은 길이 3∼4mm이고 1맥이다. 제2포영은 길이 5∼6mm이고 3맥이다. 중앙맥이 접혀 용골을 이루고 용골위에 가늘고 긴 털이 있고 끝은 길이 1.5mm정도의 까락으로 된다. 호영은 길이 4∼7mm이고 5맥이며 중앙맥이 용골로 된다. 내영은 호영보다 짧고 용골부 위쪽은 깔끔거린다. 영과는 호영과 내영에 싸여 있다.

참고

외래종이다.

바랭이

Digitaria ciliaris (Retz.) Koel.

생활형

하계일년생

분포

전국

형태

줄기 높이 40~70cm이다. 기부는 지상을 기면서 마디에서 뿌리를 낸다.

잎 엽신은 길이 3~20cm, 너비 3~12mm로 분록색 또는 연한 녹색이다. 엽설은 흰빛이 돌며 길이 1~3mm이다. 엽초에 퍼진 털이 있다.

꽃·화서 7~10월에 피며 3~8개의 총으로 이루어지고 길이 2~3cm의 중축에 2~3단으로 윤생한다. 화서의 화경은 길이 5~15cm이며 편평하며 날개가 있고 날개 가장자리에는 작은 바늘침이 줄지어 있어 까끌까끌하다. 소수는 피침형으로 긴 자루와 짧은 자루가 있는 두 가지 종류가 같이 있다. 길이는 2.5~3.5mm이며 각각 2개의 소화가 있다. 제1포영은 삼각형으로 길이 0.2~0.5mm이다. 제2포영은 피침형으로 길이 1~2.4mm이고 3맥이며 가장자리에 긴 털이 있다. 제1소화는 불임이며 호영은 소수와 길이가 거의 같고 7맥으로 털이 많거나 없다. 제2소화는 임성이며 소수의 길이보다 약간 짧고 혁질이다. 호영은 내영과 같이 과실을 싼다.

▼ 생육 초기

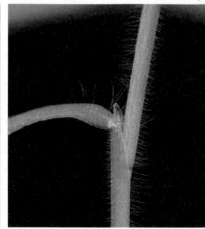

▼ 생육 중기

민바랭이

Digitaria violascens Link

생활형

하계일년생

분포

전국

형태

줄기 높이 20~50cm이다. 기부에서 많은 가지가 갈라지고 비스듬히 위를 향하며 5~7개의 마디가 있다.

잎 엽신은 길이 4~14cm, 너비 5~8mm이다. 편평하고 녹색이며 털이 없다. 엽설은 길이 1~1.5 mm이고 엷은 막질로 약간 갈색을 띤다. 엽초 구부 가까이에 긴 털이 드문드문 난고 그 외에 털이 없다.

꽃·화서 8~10월에 피고 4~10개의 총이 1~2단으로 손바닥모양으로 배열한다. 화서는 길이 4~15cm이고 중축은 짧게 신장하고 축의 가장자리는 까칠까칠하다. 소수는 장타원형으로 길이 1.5~2mm이고 2개의 소화가 있다. 화축에 압착하고 연한 녹색 또는 적자색을 띤다. 제1포영은 완전히 소실된다. 제2포영은 소수와 길이와 모양이 같으며 3맥이다. 제1소화는 불임성이다. 호영은 7맥이며 전면에 잔털이 있다. 제2소화는 임성이다. 호영은 소수와 같은 길이로 맥은 불명확하며 혁질이다. 가장자리는 내영이 대부분을 덮는다. 내영은 연골성이다. 과실은 익으면 갈색으로 된다.

돌피

Echinochloa crusgalli (L.) P.Beauv.

생활형

하계일년생

분포

전국

형태

줄기 높이 80~100cm이다. 모여 나고 밑부분에서 가지가 갈라진다. 기부가 비스듬히 위를 향하거나 직립하며 5~6개의 마디가 있다.

잎 엽신은 선형으로 길이 30~50cm, 너비 1~2cm이고 털이 없다. 엽설은 없다. 엽초는 밑부분의 것은 홍자색을 띠고 등 쪽에 용골이 생기며 털이 거의 없다.

꽃·화서 7~10월에 원추화서로 피고 5~15개의 총이 중축을 따라 배열되어 전체모습은 원추형을 보인다. 화서는 길이 10~25cm이고 직립하거나 끝이 밑으로 처진다. 가지는 위로 갈수록 짧고 드물게 난다. 소수는 난형이고 길이 3~4mm로 2개의 소화가 있다. 끝이 뾰족하며 흔히 적자색을 띠고 긴 까락을 갖는 것도 있다. 제1포영은 소수 길이의 1/3이고 3~5맥이다. 기부는 소수 기부를 감싼다. 제2포영은 소수와 같은 길이고 소수의 부푼 부위를 덮으며 5맥이다. 중앙맥이 긴 까락으로 되기도 한다. 제1소화는 불임이거나 드물게 웅성이다. 제2소화는 임성이다. 호영은 길이 2~3mm이고 혁질이며 광택이 난다. 가장자리는 내영을 감싸며 내영은 길이 3~3.5mm이고 혁질이다.

▼ 화서

좀돌피

Echinochloa crusgalli var. *praticola* Ohwi

생활형

하계일년생

분포

전국

형태

줄기 높이 20~100cm이다. 줄기는 기부가 비스듬히 위를 향하거나 직립하며 3~5개의 마디가 있다.

잎 엽신은 길이 8~30cm, 너비 7~10mm이다. 가장자리는 백색으로 경화되지 않으며 털이 없다. 엽설은 없다. 엽초는 등 쪽에 용골이 생기며 거의 털이 없다.

꽃·화서 7~10월에 피며 5~13개의 총이 중축을 따라 배열되어 전체모습이 원추형을 보인다. 소수는 난형으로 길이 2.2~3mm이고 2개의 소화가 있다. 제1포영은 소수 길이의 1/3이고 3~5맥이다. 기부는 소수 기부를 감싼다. 제2포영은 소수와 같은 길이이며 소수의 부푼 부위를 덮으며 5맥이 있다. 포영이나 호영 끝에 까락이 생기지 않는다. 제1소화는 불임이다. 호영은 제2포영과 비슷하고 소수의 납작한 부위를 덮으며 5맥이다. 끝은 뾰족하고 내영은 막질이다. 제2소화는 임성이다. 호영은 길이 2.0~2.3mm이고 혁질이다. 광택이 나며 가장자리는 내영을 감싼다. 내영은 혁질이다.

논피

Echinochloa oryzicola
(Vasinger) Vasinger

생활형

하계일년생

분포

전국

형태

줄기 높이 50~90cm이다. 한 포기에서 여러 개가 나며 직립하고 3~4개의 마디가 있다.

잎 엽신은 길이 10~20cm, 너비 8~12mm로이다. 밝은 녹색이며 가장자리가 백색의 경부가 뚜렷하며 몹시 껄끄럽다. 엽설은 없다. 엽초는 밋밋하고 털이 없다.

꽃·화서 8~10월에 원추화서로 피며 6~12개의 총이 중축에 배열되어 직립하거나 비스듬히 위를 향하여 전체가 원추형으로 보인다. 화서는 길이 8~15cm로 담록색이다. 소수는 긴 난형으로 길이 4~5.5mm이고 2개의 소화가 있다. 끝이 뾰족하며 광택이 있다. 까락은 없거나 있어도 극히 짧다. 제1포영은 소수 길이의 1/2~3/5이고 5맥이다. 제1포영의 기부가 소수의 기부를 감싼다. 제2포영은 소수 길이와 같고 5맥이고 맥에 강모가 난다. 제1소화는 불임이다. 호영은 소수 길이와 같거나 약간 짧고 5~7맥이다. 대개는 털이 없으며 두껍고 광택이 있다. 내영은 호영보다 작다. 제2소화는 임성이다. 호영은 난형으로 길이 3.5~5mm이고 혁질이다. 가장자리는 내영을 감싼다. 내영은 혁질이다.

피

Echinochloa utilis Ohwi & Yabuno

생활형

하계일년생

분포

전국

형태

줄기 높이 1~1.3m이다. 직립하고 기부의 지름은 약 1.5cm이며 5~6개의 마디가 있다.

잎 엽신은 편평하고 길이 20~40cm, 너비 1.5~3cm이다. 털이 없고 가장자리는 깔끔거린다. 엽설은 없다. 엽초는 밋밋하고 털이 없다.

꽃·화서 8~9월에 원추화서로 피고 10~30개의 총이 중축에 배열되어 전체가 원추형으로 보인다. 화서는 길이 10~25cm이며 너비 4~7cm이고 많은 소수가 밀생한다. 가지 끝은 화축을 향해 구부러지고 익으면 흑갈색으로 된다. 소수는 짧은 자루가 있다. 넓은 도란형~원형으로 길이 2.5~3.5mm이고 2개의 소화가 있다. 제1포영의 길이는 소수의 1/5~2/3이고 5맥이며 막질이다. 소수 기부를 감싼다. 제2포영은 소수 길이와 같고 5맥이며 맥에 강모가 난다. 제1소화는 불임성이다. 호영은 소수 길이와 같거나 약간 짧고 5~7맥으로 끝이 뾰족하나 까락은 거의 없다. 내영은 막질이다. 제2소화는 임성이다. 호영은 난형으로 길이 2.5~3.5mm이며 혁질이고 기장지리는 내영을 감싼다. 내영은 혁질이다.

왕바랭이

Eleusine indica
(L.) Gaertn.

생활형

하계일년생

분포

전국

형태

줄기 높이 15~60cm이다. 총생하며 비스듬히 위를 향하거나 직립하고 2~3개의 마디가 있다.

잎 엽신은 길이 5~40cm, 너비 3~7mm이다. 중앙맥을 따라 접히고 기부 가장자리에 긴 털이 있다. 엽설은 길이 1mm이고 재두이며 끝에 털 같은 잔 톱니가 있다. 엽초는 좌우로 편평하며 등 쪽에 용골이 생기고 구부 근처에 긴 털이 있다.

꽃·화서 8~9월에 수상화서로 피고 줄기 끝에 1~10개의 총이 장상으로 붙는다. 화서는 길이 3~15cm이고 소수는 아래쪽에 2열로 배열된다. 소수는 납작하고 길이 3~6mm이며 4~5개의 소화가 있으며 편평하고 녹색이다. 제1포영은 길이 1.0~2.3mm이고 1맥이다. 제2포영은 길이 1.8~2.9mm이고 3맥이다. 호영은 길이 2.0~3.5mm이고 5맥이며 막질이다. 끝은 급예두이고 포영과 더불어 등쪽에 예리한 용골이 있다. 내영은 호영 길이의 0.9배이고 2맥이다. 용골 위에 극히 좁은 날개가 있다.

속털개밀

Elymus ciliaris (Trin. ex Bunge) Tzvelev

생활형
동계일년생

분포
전국

형태
줄기 높이 30~100cm이다. 한 포기에서 여러 개가 나고 곧추 서며 3~4개의 마디가 있다.

잎 엽신은 선형으로 길이 10~25cm, 너비 4~8mm이고 편평하며 밝은 녹색이다. 엽설은 길이 0.3~1.4mm이고 갈색을 띠며 막질이다. 엽초는 밋밋하며 위쪽의 것은 절간보다 짧다.

꽃·화서 5~6월에 수상화서로 피고 줄기 끝에 한 개의 총이 달린다. 화서는 길이 10~20cm이고 마디마다 1개의 무병소수가 붙고 활모양으로 약간 굽는다. 소수는 납작하고 길이 10~20mm이며 4~10개의 소화가 있다. 연한 녹색이다. 포영은 5~7맥으로 혁질이다. 제1포영은 길이 5~8mm이고 제2포영은 길이 7~9mm이다. 호영은 길이 7~10mm로 5맥이고 혁질이다. 표면에 털이 있으며 가장자리는 가늘고 긴 털이 난다. 끝은 가볍게 톱니가 생기며 길이 10~30mm의 까락이 붙는다. 까락은 건조하면 강하게 뒤로 젖혀진다. 내영은 장타원형이며 호영 길이의 0.6~0.8배이고 용골 상반부에 잔털이 줄지어 난다. 본종은 내영이 호영 보다 현저히 짧고 중앙부보다 상반부가 넓다.

구주개밀

Elymus repens (L.) Gould

생활형

다년생

분포

전국

형태

줄기 높이 40~90cm이다. 근경은 길게 뻗고 줄기는 단생하거나 여러 개가 모여나고 3~5개의 마디가 있다.

잎 엽신은 길이 5~30cm, 너비 3~10mm이다. 엽설은 길이 1mm 이내이다. 엽초는 둥글며 엽초구부에는 초승달 모양 엽이가 있다.

꽃·화서 5~7월에 수상화서로 피며 총은 직립한다. 화서는 길이 5~20cm이고 무병소수가 한 마디에 한 개씩 붙으며 2줄로 빽빽하게 배열한다. 소수는 납작하고 길이 1~2cm로 3~8개의 소화가 있다. 포영은 2개로 길이 0.7~1.2cm이고 크기가 같고 5~7맥으로 혁질이다. 호영은 피침형으로 길이 7~13mm이고 5맥이며 혁질이며 끝은 급예두이며 상반부에 용골이 있고 대개는 까락이 없다. 내영은 피침형으로 호영 길이의 0.8배이고 2개의 용골부에는 짧은 털이 난다. 수술은 3개이고 꽃밥은 길이 4~6mm이다.

참고

외래종이다.

▼ 화서

개밀

Elymus tsukushiensis var. transiens (Hack.) Osada

생활형

다년생

분포

전국

형태

줄기 높이 40~100cm이다. 모여 나고 4~6개의 마디가 있다.

잎 엽신은 선형으로 길이 20~ 30cm, 너비 5~10mm이다. 평평하 며 녹색 또는 분록색이다. 엽설 은 길이 1mm이내이며 재두이다. 엽초는 밋밋하고 절간보다 짧다.

꽃·화서 5~7월에 수상화서로 피고 줄기의 끝에 한 개의 총이 달린다. 화서는 길이 15~25cm 로 자루가 없는 소수가 한 마디 에 한 개씩 붙으며 활처럼 둥글 게 굽는다. 소수는 길이 15~25 mm이고 5~10개의 소화가 있고 분백색 또는 연한 녹색으로 자 색을 띤다. 포영은 끝이 뾰족 해지고 제1포영은 길이 4~8mm 이며 3맥이다. 제2포영은 길이 6~10mm이고 5맥이다. 호영은 길이 9~12mm이고 끝은 점차 가 늘게 되어 길이 1.5~3.0cm의 까 락이 된다. 까락은 자색의 것이 많으나 때로 녹색이다. 내영은 길이가 호영과 같고 용골 상반 부에 좁은 날개가 있다.

그령

Eragrostis ferruginea
(Thunb.) P.Beauv.

생활형

다년생

분포

전국

형태

줄기 높이 30~80cm이다. 총생
하고 곧추 서며 2~3개의 마디
가 있다. 질겨 잘 끊어지지 않
는다.

잎 엽신은 길이 20~40cm, 너
비 2~7mm이며 대부분 뿌리 근
처에서 나고 약간 안으로 말린
다. 엽설은 길이 1mm정도의 털로
되어 있다. 엽초는 좌우로 편평
하고 등 쪽에 용골이 생기며 입
구부 둘레와 엽신 기부에 긴 털
이 모여난다.

꽃·화서 8~10월에 원추화서로
핀다. 화서는 길이 20~40cm
이고 곧추 선다. 다수의 가지가
한 개씩 나와 옆으로 퍼지며 분
지되어 많은 소수가 붙는다. 소
수자루는 중앙부에 황색을 띤
고리모양의 샘 조직이 있다. 소
수는 납작하고 길이 6~10mm이
며 5~10개의 소화가 있다. 회
록색으로 일부에 홍자색을 띠
며 약간 윤채가 난다. 포영은 1
맥이고 제1포영은 길이 1~2mm
이다. 제2포영은 길이 2.5~3.0
mm이다. 호영은 난형으로 길이
2.5~3mm이고 3맥이며 등 쪽
중앙맥을 따라 용골을 이룬다.
내영은 호영 보다 약간 짧다.
수술은 3개이고 꽃밥은 1mm내
외이다.

각시그령

Eragrostis japonica
(Thunb.) Trin.

생활형

하계일년생

분포

전국

형태

줄기 높이 30~120cm이다. 곧추 서고 기부에서 가지가 갈라지며 3~4마디가 있다.

잎 엽신은 길이 6~20cm, 너비 2~6mm이다. 엽설은 길이 0.3~0.6mm로 막질이고 가장자리는 잘게 갈라진다. 엽초에 절간보다 길고 밋밋하며 털이 없다.

꽃·화서 8~10월에 피고 원추화서로 달린다. 화서는 길이 10~60cm로 곧추 서고 가지는 하부에는 윤생하나 상부에서는 단생한다. 많은 잔가지가 갈라져 비스듬히 또는 곧추서 원통형을 이루고 소수가 밀생한다. 소수는 길이 1.3~2.2mm이고 3~9개의 소화가 있다. 연한 녹색으로 일부 홍자색을 띠고 꽃은 위에서부터 순차로 떨어져 포영만 남는다. 포영은 2개로 길이 0.5mm이고 크기는 거의 같다. 굵은 1맥은 용골로 되며 용골 위에 작은 침이 있다. 호영은 길이 0.7mm정도이고 3맥이며 둔두이다. 등쪽은 1개의 용골로 된다. 내영은 호영보다 약간 짧고 2개의 용골이 있다.

비노리

Eragrostis multicaulis
Steud.

생활형

하계일년생

분포

전국

형태

줄기 높이 7~40cm이다. 모여 나며 1~3개의 마디가 있다.

잎 엽신은 길이 5~12cm, 너비 1~3mm이다. 암록색이고 털이 없다. 엽설은 미세한 잔털이 줄지어 나고 막질부는 없다. 엽초는 밋밋하고 구부에 털이 없다.

꽃·화서 6~10월에 피고 원추화서로 달린다. 화서는 길이 4~12cm로 곧추 서고 가지는 각 마디에 반윤생 하나 위쪽에서는 쌍생 또는 단생한다. 많은 소수가 붙고 화경의 분기점에 긴 털은 없다. 소수는 길이 2.0~3.5mm이고 4~8개의 소화가 있다. 소화는 편평하고 회록색으로 종종 홍자색을 띤다. 포영은 1맥이며 제1포영은 길이 0.6~0.8mm, 제2포영은 길이 1.2~1.6mm이다. 호영은 길이 약 1.5mm이고 3맥이며 중앙맥을 따라 용골이 된다. 내영은 호영 길이의 3/5 내외이며 용골은 깔끔거리고 성숙하면 호영과 더불어 떨어진다. 수술은 2~3개이고 꽃밥은 길이 0.25mm정도이다. 영과는 성숙하면 잘 빠진다.

큰비노리

Eragrostis pilosa (L.) P.Beauv.

생활형

하계일년생

분포

전국

형태

줄기 높이 30~70cm이다. 다소 모여 나고 4개의 마디가 있다.

잎 엽신은 길이 7~20cm, 너비 2~4mm이며 편평하고 암록색이다. 엽설은 미세한 잔털이 줄지어 나고 막질부는 없다. 엽초는 밋밋하며 입구부에 소수의 긴 털이 난다.

꽃·화서 7~8월에 피고 원추화서로 달린다. 화서는 길이 10~30cm로 끝이 약간 숙여지고 가지는 반윤생 하나 위쪽에서는 쌍생 또는 단생 한다. 화경이 분지되는 지점에는 백색 긴 털이 있다. 소수는 길이 3~5mm이고 5~10개의 소화가 있다. 회록색으로 일부 홍자색을 띠고 가지 상반부에 성글게 달린다. 포영은 1맥이고 제1포영은 길이 0.6mm, 제2포영은 길이 1.5mm이다. 호영은 길이 1.5mm이고 3맥으로 중앙맥을 따라 예리한 용골로 된다. 내영은 호영의 3/5내외이고 용골은 깔끔거린다. 성숙하면 호영과 더불어 떨어진다. 수술은 3개이고 꽃밥은 길이 0.25mm 정도이다. 영과는 잘 빠진다.

참고

유사종인 비노리에 비해 엽초 구부와 화서 가지 기부에 긴 백색 털이 있다.

나도개피

Eriochloa villosa (Thunb.) Kunth

생활형
다년생

분포
전국

형태
줄기 높이 40~90cm이다. 밑에서 가지가 갈라지며 곧추 선다. 전주에 백색의 부드러운 털이 많다.

잎 엽신은 길이 10~25cm, 너비 3~15mm이다. 양면에 짧은 털이 밀생하고 가장자리에 털이 줄지어 난다. 엽설은 높이 0.5mm이고 마르면 약간 검게 변한다. 엽초는 절간보다 짧고 긴 털이 난다.

꽃·화서 7~8월에 피고 총상화서로 달린다. 화서는 길이 7~10cm이고 중축에서 한쪽으로 3~7개의 가지가 나온다. 가지는 길이 3~5cm로 기부부터 소수가 2열로 달린다. 중축과 화축에 백색의 긴 털이 밀생한다. 소수는 길이 4.5~5mm이고 2개의 소화가 있다. 넓은 난형으로 자루는 길이 2.5mm정도이다. 제1포영은 퇴화하여 기반과 합생하고 백색의 고리모양 부속물로 되어 소수의 기부를 감싼다. 제2포영은 소수와 길이가 같고 녹색으로 5맥이다. 제1소화는 퇴화되어 호영만 남았으며 길이 4.5~5.0mm, 3~5맥이다. 제2소화는 양성이고 호영은 소수 길이와 같다. 호영은 등쪽이 부풀며 광택이 있고 가장자리는 내영을 감싼다. 내영은 안쪽으로 말리고 단단하다. 과실은 익으면 황색이다.

▼ 마디

큰묵새

Festuca megalura Nutt.

생활형

동계일년생

분포

제주, 경남

형태

줄기 높이 10~60cm이다. 직립 또는 옆으로 누우며 단생하거나 밑부분에서 가지를 치고 2~3개의 마디가 있다.

잎 엽신은 길이는 5~15cm로 선형이며 분록색이고 털이 없다. 엽설은 높이 2~3.3mm이고 막질로 끝이 반듯하게 끊어진 재두이다. 엽초는 밋밋하고 털이 없다.

꽃·화서 5~6월에 피고 원추화서로 달린다. 화서는 가지가 화축에 압착되어 선형이며 길이 10~30cm이고 가장 위쪽의 엽초에서 초출된다. 소수는 장타원형으로 길이 7~10mm이며 3~7개의 소화가 있다. 소화경은 길이 1~3mm이다. 제1포영은 선상 피침형으로 길이 1.5~2mm이고 1맥이 있다. 제2포영은 피침형이고 길이는 3.5~6.0mm이며 1~3맥이 있다. 호영은 선상 피침형으로 길이 5~6mm이며 5맥이 있다. 등쪽이 둥글며 상반부에 짧은 돌기 같은 털과 긴 털이 있고 끝은 길이 8~15mm의 까락으로 된다. 내영은 길이가 5~6mm이고 2개의 용골 위쪽에 작은 침이 있어 깔끔거린다. 열매는 선상 피침형으로 길이 3mm정도이다.

참고

외래종이다.

들묵새

Festuca myuros L.

생활형

동계일년생

분포

전국

형태

줄기 높이 20~70cm이다. 총생하여 대군락을 만들며 직립 또는 옆으로 누우며 단생하거나 밑 부분에서 가지를 치고 2~3개의 마디가 있다.

잎 엽신은 길이 2~20cm이로 안쪽으로 강하게 말려 실모양으로 어긋나게 달린다. 지름 0.5~1mm이며 분록색이다. 엽설은 막질로 길이 1mm이하이고 끝이 반듯하게 끊어진 재두이다. 엽초는 밋밋하고 털이 없다.

꽃·화서 5~6월에 피고 원추화서로 달린다. 화서는 선형이며 길이 10~20cm이다. 기부는 최상부의 엽초 속에 있으며 가장 위쪽의 엽초를 걸치거나 초출된다. 소수는 길이 7~10mm이고 3~7개의 소화가 있으며 연한 녹색이다. 중축에 압착하여 마치 총상화서처럼 보이며 활같이 드리운다. 소화경은 길이 1~3mm 정도이다. 제1포영은 길이 1~2.4mm로 1맥이다. 제2포영은 길이 3.5~6mm로 1~3맥이다. 호영은 길이 5~7mm로 약하게 5맥이다. 등쪽이 둥글며 짧은 돌기 같은 털이 있고 끝은 길이 8~15mm의 까락으로 된다. 내영은 호영과 길이가 거의 같으며 2개의 용골 위쪽에 작은 침이 있어 깔끔거린다.

참고

외래종이다.

▼ 생육

쇠치기풀

Hemarthria sibirica (Gand.) Ohwi

생활형

다년생

분포

전국

형태

줄기 높이 60~120㎝이다. 기부 가까이에서 직립하고 긴 근경이 있다. 중부 이상에서 가지가 갈라지며 녹색이다.

잎 엽신은 길이 10~30㎝, 너비 4~8㎜이다. 끝은 점차 가늘어져 뾰족하다. 엽설은 길이 0.5㎜로 가장자리에 긴 털이 있다. 엽초는 절간보다 짧고 털이 없다.

꽃·화서 7~9월에 피고 가지 끝에 한 개의 총이 달린다. 화서는 원통형이고 길이 4~10㎝이다. 마디마다 유병소수와 무병소수가 짝지어 붙고 모두 같은 모양 같은 크기로 길이 5~8㎜이다. 화축은 약간 편평하고 마디 사이는 길이 4~6㎜이다. 제1포영은 혁질로 피침형이고 5맥이며 중앙부에서 급히 좁아진다. 제2포영은 얇고 가는 맥이 많다. 제1소화는 불임성이며 길이 3.4~5.2㎜이고 내영이 없다. 제2소화는 임성이며 길이 3.4~4.3㎜이다. 호영과 내영은 백색 막질이다. 수술은 3개이다.

향모

Hierochloe odorata (L.)
P.Beauv.

생활형

다년생

분포

전국

형태

줄기 높이 20~50cm이다. 곧추
서며 근경은 가늘고 길게 뻗고
성기게 줄기가 생기며 줄기는
직립하고 3~4개의 마디가 있다.

잎 엽신은 길이 10~30cm, 너비
2~5mm으로 편평하고 완만하게
안으로 말리며 향기가 난다. 화
경에서 나온 잎은 피침형으로
길이 1~4cm이다. 엽설은 길이
1.5~3mm이다. 엽초에는 밑을 향
한 털이 있고 절간보다 길다.

꽃·화서 3~5월에 피고 원추
화서로 달린다. 화서는 길이
4~10cm이고 한 마디에 2~3개
가지가 붙는다. 첫 번째 가지는
넓게 펴지며 길이 2~4.5cm이
다. 소수는 납작하고 길이 4~6
mm이며 3개의 소화가 있다. 연
한 황갈색으로 윤채가 난다. 포
영은 난원형으로 1맥 또는 3맥
이고 막질로 연한 갈색을 띤다.
제1포영은 길이 4~6mm이며 막
질로 1~3맥이다. 제2포영은 길
이 4~6mm, 1~3맥이다. 제1, 제
2소화는 웅성으로 불임성이다.
호영은 길이 3.5~4.5mm이고 5
맥이며 보통 까락이 없다. 내영
의 용골은 깔끔거린다. 제3소화
는 임성이다. 호영은 길이 3mm
정도이고 연골질로 3~5맥이며
까락은 없다. 내영은 1맥으로 용
골이 없다.

띠

Imperata cylindrica (L.)
Raeusch

생활형

다년생

분포

전국

형태

줄기 높이 30~80cm이다. 1~4개의 마디가 있고 마디에 백색의 긴 털이 있다. 인편에 싸인 긴 근경이 있으며 길게 벋는다.

잎 엽신은 길이 20~50cm, 너비 7~12mm이다. 끝은 뾰족하고 밑은 좁아져 엽초 사이가 자루모양으로 된다. 편평하고 깔끄럽다. 엽설은 길이 1~2mm이고 끝이 반듯하게 끊어진 재두이다. 엽초는 밋밋하며 입구부에 털이 있다.

꽃·화서 5~6월에 피고 원추화서로 달린다. 화서는 길이 10~20cm이고 첫 번째 가지에 장병소수와 단병소수가 짝을 지어 붙는다. 가지는 곧추 서서 중축에 바싹 달라붙는다. 전체는 원주형으로 은백색의 긴 털로 덮였다. 소수는 피침형으로 길이 3.5~4.5mm이고 소화가 2개 있으며 기부에 길이 12mm정도의 긴 털이 윤생한다. 포영은 피침형으로 크기와 모양이 같다. 길이는 소수와 같고 막질이며 5~7맥이고 가장자리에 몇 개의 긴 털이 있다. 소화는 불임소화와 임성소화가 있다. 제1소화는 불임성이며 호영은 길이 1mm정도이고 위쪽 가장자리에 크기가 다른 톱니들이 있다. 제2소화는 임성이며 호영은 길이 1mm정도이고 투명질이다. 내영은 투명질이고 맥이 없다. 수술은 2개이다.

드렁새

Leptochloa chinensis (L.)
Nees

생활형

하계일년생

분포

전국

형태

줄기 높이 30~70cm이다. 모여 나며 직립하거나 아래쪽이 땅위를 포복하기도 하고 3~4개의 마디가 있다.

잎 엽신은 길이 7~15cm, 너비 3~8mm이다. 엽설은 길이 1mm정도이다. 엽초는 편평하며 털이 없고 엽신 보다 짧다.

꽃·화서 8~10월에 피며 원추화서로 달린다. 화서는 길이 15~40cm이고 중축에 길이 2~13cm의 총이 20~60개 붙는다. 소수는 길이 2.5~3.0mm이고 소화가 4~7개 있다. 가지의 기부로부터 끝까지 빈틈없이 배열되며 짧은 자루가 있고 압착된다. 제1포영은 길이 0.7~1mm이고 1맥이다. 제2포영은 길이 1.2~1.5mm이고 3맥이다. 호영은 길이 1~1.8mm로 3맥이다. 끝은 둔두 또는 원두로 까락은 없다. 내영은 호영보다 짧고 끝이 원두이다. 열매는 타원형으로 길이 0.8mm정도로 광택이 있다.

쥐보리

Lolium multiflorum Lam.

생활형

동계일년생

분포

전국

형태

줄기 높이 30~100cm이다. 여러 개가 모여나고 직립하며 2~5개의 마디가 있다.

잎 엽신은 길이 6~25cm, 너비 4~10mm이다. 엽설은 길이 1~2mm이고 막질이다. 엽초 입구부에 엽이가 있고 털이 없다.

꽃·화서 6~8월에 피며 수상화서로 달린다. 화서는 곧게 뻗고 납작하며 길이는 10~30cm이다. 화총은 1개이며 두 줄로 소수가 배열된다. 소수는 타원형으로 납작하고 길이 10~25mm이며 소화가 5~15개 있다. 포영은 정단 소수만 2개의 포영이 있고 측면 소수는 제1포영이 없이 제2포영만 있다. 제2포영은 소수 길이의 1/4~1/2이고 5~7맥이며 녹색으로 혁질이다. 호영은 길이 5~8mm이고 5맥으로 끝이 2개로 갈라진다. 중앙맥의 연장으로 5~12mm정도의 까락이 있다. 내영은 호영과 길이가 같으며 2맥이다. 용골의 위쪽은 깔끔거린다. 꽃밥은 길이 3~4.5mm이다. 열매는 경화된 호영과 내영에 싸여 있다.

참고

외래종이다.

민바랭이새

Microstegium japonicum
(Miq.) Koidz.

생활형

하계일년생

분포

전국

형태

줄기 높이 40~100cm이다. 기부의 마디에서 뿌리를 내어 땅 위를 기면서 비스듬히 위를 향한다.

잎 엽신은 길이 4~10cm, 너비 5~12mm이다. 엽설은 길이 0.5mm이고 끝이 반듯하게 끊어진 재두이다. 엽초는 밋밋하고 입구부에만 털이 약간 있다.

꽃·화서 8~10월에 피고 화서는 1~3개의 총이 장상으로 배열된다. 화서는 길이 5~7cm이고 각 마디에 무병소수와 유병소수가 마주난다. 소수자루와 소축에는 털이 성기게 난다. 소수는 길이 3.5~5.5mm이고 녹색이며 1개의 무성소화와 1개의 양성소화가 있다. 포영은 소수 길이와 같다. 제1포영은 중앙맥이 없이 2맥이며 가장자리가 안쪽으로 접혀서 2개의 용골이 된다. 제2포영은 3맥으로 중앙맥을 따라 겹쳐진다. 제1소화는 무성이고 호영은 소수 길이의 2/3이며 막질이다. 제2소화는 양성으로 호영은 길이 1mm내외이며 막질이고 끝이 2개의 톱니로 갈라지며 까락이 없거나 있어도 짧다. 수술은 3개이다.

큰듬성이삭새

Microstegium vimineum
var. *polystachyum* (Franch.
& Sav.) Ohwi

생활형
하계일년생

분포
전국

형태
줄기 높이 40~100cm이다. 기부
의 마디에서 뿌리를 내어 땅위를
기면서 비스듬히 위를 향한다.

잎 엽신은 길이 4~10cm, 너비
5~12mm이다. 엽설은 길이 0.5mm
이고 끝이 반듯하게 끊어진 재
두이다. 엽초는 밋밋하고 구부
에만 털이 약간 있다.

꽃·화서 8~10월에 피고 화서
는 1~3개의 총이 장상으로 배
열된다. 화서는 길이 5~7cm이
고 각 마디 무병소수와 유병소
수가 마주난다. 소수자루와 소
축에는 털이 성기게 난다. 소수
는 길이 3.5~5.5mm이고 녹색이
며 1개의 무성소화와 1개의 양
성소화가 있다. 포영은 소수 길
이와 같다. 제1포영은 중앙맥이
없고 양측에 2맥씩 있으며 옆으
로 소맥이 이어지고 가장자리
가 안쪽으로 접혀서 2개의 용골
이 된다. 제2포영은 3맥으로 중
앙맥을 따라 겹쳐진다. 제1소화
는 무성이며 호영은 소수 길이
의 2/3이고 막질이다. 제2소화
는 양성이며 호영은 길이 1mm내
외로 막질이다. 끝이 2개의 톱
니로 갈라지며 길이 10~15mm의
까락이 생긴다. 내영은 호영과
비슷하다.

물억새

Miscanthus sacchariflorus
(Maxim.) Hack

생활형
다년생

분포
전국

형태
줄기 높이 1~2.5m이다. 기부의 지름은 1~1.5cm이다. 근경은 굵고 길게 벋으며 대 군락을 이루고 줄기는 직립한다. 마디에서 1개씩의 줄기가 난다.

잎 엽신은 길이 20~80cm, 너비 1~3cm이다. 가장자리는 깔끔거린다. 뒷면은 약간 분백색이다. 엽설은 미세한 털이 줄지어 난다. 엽초는 대개 털이 없으나 아래쪽의 것은 가끔 성긴 털이 있다.

꽃 · 화서 9~10월에 피고 8~40개의 총이 장상으로 배열된다. 화서는 길이 25~40cm이고 장병소수와 단병소수가 마주난다. 소수는 길이 5~6mm이고 피침형으로 갈색을 띤다. 1개의 불임소화와 1개의 임성소화가 있다. 기부의 털은 길이 10~15mm이고 은백색 긴 털이 무리지어 난다. 제1포영은 소수와 길이가 같고 3맥이며 털이 있다. 제2포영은 소수 길이보다 약간 짧으며 3맥이다. 등쪽은 둥근 용골로 된다. 제1소화는 불임성이며 호영은 소수 길이의 0.7배이고 예두이다. 제2소화는 임성으로 호영은 길이 3.5~4.5mm이고 투명하며 까락은 없다. 내영은 호영 길이의 0.5배이다.

참억새

Miscanthus sinensis
Andersson

생활형
다년생

분포
전국

형태
줄기 높이 0.6~2m이다. 굵고 짧은 근경이 있으며 총생하여 거대한 포기를 이루고 직립한다.

잎 엽신은 길이 20~60cm, 너비 6~20mm이다. 가장자리는 몹시 깔끔거린다. 뒷면은 연한 녹색이고 때로 약간 분백색이다. 엽설은 길이 1.5mm정도이고 백색 막상으로 위쪽가장자리에 짧은 털이 있다. 엽초는 절간보다 길거나 같고 털이 없다.

꽃·화서 8~10월에 피고 10~25개의 총이 장상으로 배열되며 중축은 총보다 짧다. 화서는 길이 10~30cm이고 화축에서 장병소수와 단병소수가 마주난다. 소수는 피침형으로 길이 5~7mm이며 황색을 띠고 1개의 불임소화와 1개의 임성소화가 있다. 기부의 털은 길이 7~12mm로 백색을 띤다. 제1포영은 소수 길이와 같고 상반부에 잔털이 있으며 5~7맥이다. 제2포영은 소수 길이와 같고 털이 없으며 3맥이 있다. 제1소화는 불임성으로 호영은 소수 길이의 0.7배이고 막질이며 맥이 없다. 제2소화는 임성으로 호영은 길이 3~4mm이고 막질이며 맥이 없다. 끝이 2개의 톱니로 갈리지며 사이에서 길이 8~15mm의 까락이 붙는다. 내영은 호영 길이의 0.5배이다.

주름조개풀

Oplismenus undulatifolius
(Ard.) P.Beauv.

생활형

다년생

분포

전국

형태

줄기 높이 10~30cm이다. 땅 위를 기며 기부에서 가지를 내며 마디에서 뿌리를 내린다.

잎 엽신은 피침형으로 길이 3~7cm, 너비 1~1.5cm이고 가장자리에 물결모양으로 주름이 지며 털이 밀생한다. 엽설은 길이 0.5~1mm이며 막질로 이루어져 있고 끝이 잘린 모양이다. 엽초는 길고 부드러운 털로 덮여있다.

꽃·화서 8~10월에 피고 수상화서로 달린다. 화서는 길이 6~12cm로 곧추 서고 가지에 소수가 모여난다. 소수는 길이 3mm정도로 녹색이며 자루는 극히 짧거나 없다. 제1포영은 3개의 맥이 있고 등 쪽에 긴 털이 나며 끝에 길이 7~14mm의 끈적거리는 까락이 있다. 제2포영은 5개의 맥이 있고 등쪽에 긴 털이 엉성하게 나며, 까락은 길이 3~4mm로 소수보다 짧다. 제1소화는 불임으로 호영은 소수 길이와 같으며 5~7개의 맥이 있고, 짧은 까락이 있다. 제2소화는 임성이며 호영은 광택을 띤 가죽질이다.

▼ 개화기

개기장

Panicum bisulcatum
Thunb.

생활형

하계일년생

분포

전국

형태

줄기 높이 30~150cm이다. 밑에서 가지가 많이 갈라지고 기부는 누워 마디에서 뿌리를 내린다.

잎 엽신은 선형으로 길이 5~30cm, 너비 5~12mm이다. 엽설은 길이 0.5mm정도로 막질로 되어 있으며 끝이 잘린 모양으로 가장자리에 얕은 톱니가 있다. 엽초의 표면에는 털이 거의 없으나 엽초 구부에는 다소 긴 털이 있고 가장자리에는 짧은 털이 있다.

꽃·화서 7~10월에 피고 원추화서로 달린다. 화서는 길이와 너비 각각 15~30cm로 가지는 옆으로 퍼져 끝이 처진다. 소수는 길이 1.8~2mm로 짙은 녹색이나 때로 일부가 흑자색을 띠고 짧은 자루가 있어 밑으로 드리운다. 소수에는 2개의 소화가 있으나 제1소화는 불임이다. 제1포영은 0.6mm정도이며 기부는 소수를 감싼다. 제2포영은 소수와 같은 길이이고 5개의 맥이 있다. 제1소화는 호영만 있으며 소수와 같은 길이이고 5개의 맥이 있다. 제2소화는 임성이며 호영은 길이 1.5~1.8mm이다.

▼ 엽초

▼ 화서

미국개기장

Panicum dichotomiflorum
Michx.

생활형

하계일년생

분포

전국

형태

줄기 높이 50~130cm이다. 여러 개의 줄기가 모여 나며 비스듬히 선다.

잎 엽신은 길이 20~40cm, 너비 7~15mm이다. 엽설은 길이 1~2mm로 가장자리에 털이 있다. 엽초는 원통형이고 광택이 있다.

꽃·화서 8~10월에 피며 개방 원추화서의 높이와 너비 12~30cm이다. 화서의 각 마디에서 1~2개의 가지가 비스듬히 나며 끝이 아래로 늘어지지 않는다. 소수는 난상 장타원형으로 자루가 있고 길이 2~3mm이며 2개의 소화가 있다. 제1포영은 0.8~1mm로 소수 기부를 감싼다. 제2 포영은 소수와 같은 길이이고 5~7개의 맥이 있다. 제1소화는 퇴화되어 호영만 남아있고 소수와 같은 길이이다. 제2소화는 임성이며 호영은 0.7~2mm이고 가죽질로 광택이 있다.

▼ 화서　　▼ 화서 측지의

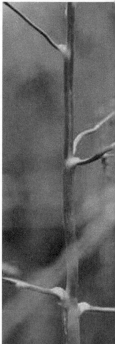

참고

외래종이다.

큰참새피

Paspalum dilatatum Poir.

생활형

다년생

분포

제주도의 밭, 과수원

형태

줄기 높이는 50~150cm이다. 모여 나며 4~5개의 마디가 있다.

잎 엽신은 길이 10~30cm, 너비 4~8mm이다. 엽설은 옅은 갈색 막질로 끝이 잘린 모양이며 길이 2~4mm이다. 엽초는 절간보다 길며 구부에만 긴 털이 모여 난다.

꽃·화서 7~9월에 피고 화서는 3~6개의 총(raceme)으로 이루어지며 화서 중축과 만나는 총의 기부에 긴 털이 모여 난다. 총의 길이는 5~9cm이며 소수가 2~3줄로 규칙적으로 배열된다. 소수는 난형으로 길이 3~3.5mm이고 가장자리에 긴 털이 있으며 2개의 소화로 구성되어 있다. 제1포영은 없으며, 제2포영은 소수와 길이가 같고 3개의 맥이 있다. 제1소화는 불임성이며 소수와 길이가 비슷하고 가장자리에 길고 연한 털이 있다. 제2소화는 임성이며 호영은 소수 길이보다 약간 짧고 가죽질이며 광택이 있다. 포영과 호영 모두 아래쪽 가장자리에 긴 털이 밀생하고 위쪽은 털이 드물게 있다. 암술머리와 꽃밥은 흑자색이다.

▼ 엽설　　　　　　▼ 화서 측지의 기부

참고

외래종이다.

물참새피

Paspalum distichum L.

생활형

다년생

분포

제주, 남부지방

형태

줄기 높이 20~40cm이다. 줄기는 땅 위를 기면서 뻗으며 마디에서 가지가 나와 직립한다.

잎 엽신은 길이 5~10cm, 너비 4~8mm이며 털이 없다. 엽설은 막질이며 끝이 잘린 모양이고 길이 2mm정도이다. 엽초는 구부에만 긴 털이 있다.

꽃·화서 6~10월에 피고 화서는 길이 4~9cm의 총(raceme) 2개로 이루어지는데 총에는 2줄로 옅은 녹색의 소수가 달린다. 소수는 장타원형으로 길이 3mm이며 2개의 소화가 있다. 제1포영은 길이 0.6mm정도이며 비늘 모양으로 퇴화되어 있다. 제2포영은 3~5맥으로 소수와 길이가 같다. 제1소화는 불임성이고 호영만 있는데 호영은 소수 길이와 같고 3개의 맥이 있다. 제2소화는 양성으로 임성이며 호영은 소수와 길이가 같고 3개의 맥이 있다. 암술머리는 흑자색이며 수술의 길이는 1.5mm정도이다.

참고

외래종이다.

털물참새피

Paspalum distichum var.
indutum Shinners

생활형

다년생

분포

제주, 서남해안 지역

형태

줄기 높이 20~40cm이다. 줄기는 땅 위를 기면서 뻗으며 마디에서 가지가 나와 직립한다.

잎 엽신은 길이 3~20cm, 너비 3~7mm이며 양면에 흰색의 부드러운 털이 있다. 엽설은 막질이며 끝이 잘린 모양이고 길이 0.5mm정도이다. 아래쪽의 엽초와 마디에는 기부가 유두상으로 부푼 긴 백색 털이 밀생한다.

꽃·화서 6~9월에 피며 화서는 2~3개의 총(raceme)으로 이루어진다. 총의 길이는 5~10cm이고 각각의 총은 2~4줄의 소수가 줄지어 있다. 소수는 장타원형으로 길이 3.2~3.6mm이고 제1포영은 피침형으로 1~3맥이 있으며 제2포영은 소수의 길이와 같고 3~5맥이 있다. 제1소화는 불임성이며 호영은 소수 길이와 같고 3개의 맥이 있다. 제2소화는 임성이며 소수 길이와 같고 호영은 가죽질로 내영을 감싼다. 내영은 끝 쪽에 짧은 강모가 있다.

▼ 생육 초기

▼ 엽초

▼ 생육 중기

▼ 화서

참고

외래종이다.

참새피

Paspalum thunbergii Kunth ex Steud.

생활형

다년생

분포

전국

형태

줄기 높이 30~70cm이다. 모여 나고 곧추 서며 2~3개의 마디 가 있다.

잎 엽신은 선형으로 길이 10~ 30cm, 너비 5~10mm이고 양면에 부드러운 털이 많이 있다. 엽설 은 길이 1~2mm로 막질이며 끝 이 잘린 모양이다. 엽초는 절간 보다 길어 마디를 덮고 있다.

꽃 · 화서 7~8월에 피고 화서는 길이 5~20cm의 중축에서 3~5 개의 가지가 나오며 가지는 길 이 5~10cm로서 기부에 털이 모 여 난다. 소수는 거의 원형으로 지름 약 2.6mm이고 2열로 달린 다. 제1포영은 없고 제2포영은 중축 쪽에 있으며 소수와 길이 가 같고 3개의 맥이 있으나 중 앙 맥만이 두드러지게 보이며 가장자리에 짧은 털이 드문드문 달린다. 제1소화는 불임으로 호 영만 있다. 제2소화는 임성으로 수술과 암술이 있고 호영은 가 죽질로 윤채가 약간 있고 가장 자리는 내영을 감싸며 성숙기에 는 황색으로 변한다.

▼ 화서

수크령

Pennisetum alopecuroides (L.) Spreng.

생활형

다년생

분포

전국

형태

줄기 높이 30~80cm이다. 곧추서며 모여 나서 큰 그루를 형성한다. 근경은 짧고 억센 뿌리가 사방으로 퍼지며 상단은 화서의 중축과 더불어 흰색 털이 있다.

잎 엽신은 길이 30~60cm, 너비 5~8mm로 짙은 녹색이고, 엽설은 짧은 털이 줄지어 달린다. 엽초의 등 부분은 용골로 되고 엽신 하부와 엽초 구부에 긴 털이 드문드문 난다.

꽃·화서 8~9월에 피고 줄기 끝에 원추화서로 달린다. 화서는 원주형으로 길이 10~15cm이다. 소수는 길이 7mm정도이고 2개의 소화로 이루어지며 기부에 길이가 다른 짙은 자색의 총포모가 윤생한다. 제1포영은 끝이 둥글게 잘린 형태로 길이 1mm이하이다. 제2포영은 장타원형으로 소수 길이의1/2이다. 제1소화는 불임으로 수꽃이며 호영은 소수 길이와 같다. 제2소화는 임성이며 호영은 소수 길이와 같고 6~7맥이다.

갈대

Phragmites australis (Cav.) Trin. ex Steud

생활형

다년생

분포

전국

형태

줄기 높이 1~3m이며 굵은 근경이 길게 벋고 마디에 털이 없거나 누운 털이 약간 있다.

잎 엽신은 2열로 어긋나게 달리고 긴 피침형으로 길이 20~50cm, 너비 2~4cm이다. 엽설은 매우 짧은 털로 이루어져 있다. 엽초 구부에 긴 털이 있다.

꽃·화서 8~10월에 피고 원추화서로 달리며 화서는 길이 15~40cm이며 끝이 처지고 가지는 반 윤생한다. 소수는 길이 12~17mm이고 2~4개의 소화가 있다. 제1포영은 3개의 맥이 있으며 길이 3~4mm로 최하위 소화의 호영 길이에 비해 1/2 이하이다. 제2포영은 길이 5~8mm이며 3~5개의 맥이 있다. 소수의 최하의 소화는 수꽃이고 길이 10~15mm이며 기반의 털은 길이 6~10mm이다. 양성화의 호영은 안쪽으로 말려 끝이 까락처럼 되고 수술은 3개이다.

▼ 생육 초기

▼ 마디

▼ 지상 포복경의 마디와 뿌리

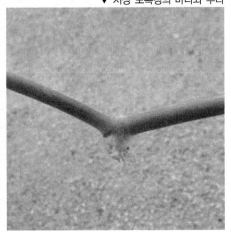

달뿌리풀

Phragmites japonica Steud.

생활형

다년생

분포

전국

형태

줄기 높이 1.5~3m이다. 하부의 마디와 포복지의 마디에 퍼진 털이 밀생하며 3~4m의 지상포 복경을 뻗는다.

잎 엽신은 길이 10~30cm, 너비 2~3cm이다. 엽설은 미세한 털이 줄지어 난다. 엽초는 엽신보다 짧고 그 상부는 적자색을 띤다.

꽃·화서 8~10월에 피고 원추화서로 달리며 화서는 길이 25~35cm로 자색이고 가지는 반윤생하며 길이 8~12mm이다. 소수는 3~4개의 소화로 이루어지며 길이 8~12mm이다. 제1포영은 1~3개의 맥이 있으며 길이 5mm정도로 최하위 소화 호영 길이의 1/2~3/5정도이다. 제2포영은 3개의 맥이 있으며 길이 5.5mm정도이다. 제1소화는 수꽃이며 털이 없으나, 그 외의 다른 꽃은 양성으로서 자루 모양으로 기반이 자라고 기반 양측에 긴털이 밀생한다. 호영은 길이 6~10mm이며 1~3개의 맥이 있다. 내영은 호영 길이의 1/2이하이다.

새포아풀

Poa annua L.

생활형

동계(하계)일년생

분포

전국

형태

줄기 높이 8~30cm이다. 여러 개의 줄기가 모여 나며 직립하거나 밑 부분 마디가 굽어 비스듬히 자란다.

잎 엽신은 선형으로 길이 2~15cm, 너비 1.3~4mm이며, 끝은 둔하고 중앙맥을 따라 배 모양으로 약간 안쪽으로 접어지며 밝은 녹색이다. 엽설은 막질로 끝이 둔하며, 길이 0.4~2.5mm이다. 엽초는 엽신보다 짧으며 매끄럽다.

꽃·화서 4~11월에 피고 원추화서로 달리며 화서는 길이 5~17cm이다. 가지는 한 개의 마디에서 2개가 달린다. 소수는 길이 2.5~6mm이고 3~6개의 소화가 달린다. 소화의 밑 부분에는 털이 없다. 제1포영은 길이 1.3~2.5mm이고 1개의 맥이 있으며, 제2포영은 길이 1.5~3.2mm이고 3개의 맥이 있다. 포영의 용골에는 거치가 없어 매끄럽다. 호영은 길이 2.2~3.1mm로 연한 녹색이고 종종 상부는 홍자색을 띠며 5개의 맥이 있다. 내영은 호영과 길이가 거의 같으나 좁으며 양측의 용골부에 연모가 줄지어 나고 수술은 3개이다.

▼ 생육 중기   ▼ 개

▼ 화서(미전개)

▼ 화서(전

왕포아풀

Poa pratensis L.

생활형
다년생

분포
전국

형태
줄기 높이 30~80cm이다. 모여 나며 곧추 서고 근경이 옆으로 퍼지며 증식한다.

잎 엽신은 선형으로 길이 5~12cm, 너비 2~4mm이며 엽설은 막질이며 끝이 잘린 형태로서 길이 0.7~1.5mm이다. 엽초는 매끄럽다.

꽃·화서 6~7월에 피고 원추화서로 달리며 화서는 길이 8~15cm이다. 좁은 난형으로 거의 곧추 서며 마디에서 2~6개의 가지가 반 윤생하고, 가지의 중부 이상에 3~6개의 소화가 있는 길이 3~6mm의 녹색 소수가 달린다. 소화의 밑 부분에는 털이 있으며, 소화의 축은 거칠다. 제1포영은 길이 1.5~3mm로 1개 또는 3개의 맥이 있고, 제2포영은 길이 2~3.5mm로 3개의 맥이 있다. 호영은 길이 2.4~3.5mm로 5개의 맥이 있고 중앙맥과 가장자리 맥의 하반부에 연모가 있다. 내영은 길이 1.8~3mm이며, 좌우 용골 위에 작은 날카로운 거치가 있어 거칠다. 2개의 인피는 막질이며, 길이는 0.3~0.5mm이다.

참고
외래종이다.

쇠돌피

Polypogon fugax Nees ex Steud.

생활형

동계일년생

분포

제주, 전남북, 경남

형태

줄기 높이 20~60cm이다. 모여 나며 기부 마디에서 뿌리가 나고 직립한다.

잎 엽신은 선형으로 양면이 거칠고 다소 흰색을 띤 녹색이며 길이 5~20cm, 너비 3~8mm이다. 엽설은 백색 막질이며 끝이 뾰족하고 길이 3~8mm이다. 엽초는 기부 가까이까지 갈라진다.

꽃·화서 5~6월에 피고 원추화서로 달리며 화서는 길이 3~9 cm이고 화기에는 가지가 비스듬히 서나 결실기에는 곧추 서서 화서 전체가 원주상으로 보인다. 소수는 납작하고 길이 1.7~2mm이며 1개의 소화로 이루어져 있다. 제1, 2포영은 모양과 크기가 같으며 길이는 소수와 같고 1개의 맥이 있으며 끝이 얕게 두 개로 갈라져 그 사이에서 길이 1~2mm의 자색을 띠는 까락이 달린다. 호영은 포영의 약 1/2 길이이며 5개의 맥이 있고 투명한 막질로 중앙맥 끝에서 1.5mm정도의 까락이 나온다. 내영은 호영과 길이가 거의 같고 수술은 3개이다.

쇠풀

Schizachyrium brevifolium
(Sw.) Nees ex Büse

생활형

하계일년생

분포

전국

형태

줄기 높이 10~40cm이다. 곧추 서고 기부에서 가지 치며 마디 가 많으며 마디와 마디 사이는 길이 2~4cm이다.

잎 엽신은 선상 장타원형으로 길이 1.5~4cm, 너비 3~6mm이며 선단부는 반원형에 가깝다. 엽 설은 매우 짧다. 엽초는 절간보 다 짧고 털이 없다.

꽃·화서 8~10월에 피고 화서 는 가지 끝과 잎겨드랑이에 달 리며 가지는 길이 1~3cm이고 기부는 엽신이 퇴화되어 없는 엽초로 싸여있다. 무성의 유병 소수와 유성인 무병소수가 마주 나기로 짝을 지어 각 마디에 달 린다. 무성인 유병소수는 퇴화 하여 편평한 자루와 막질의 호 영만 있으며 그 끝에 가늘고 짧 은 까락이 있다. 유성인 무병소 수는 길이 3~4mm이고 제1포영 은 5~7맥이며 끝이 두 개로 갈 라지며, 제2포영은 등 쪽이 용 골로 된다. 제1소화의 호영은 투 명하고 두 개의 맥이 있다. 제 2소화의 호영은 끝이 기부까지 두 개로 갈라지고 그 사이에서 길이 8mm정도의 까락이 나와 소 수 밖으로 빠져나와 중간쯤에서 휘어진다.

수강아지풀

Setaria × pycnocoma
(Steud.) Henrard ex Nakai

생활형

하계일년생

분포

전국

형태

줄기 높이 50~150cm이다. 아래쪽에서 다수가 분지하여 직립하며 5~13개의 마디가 있다.

잎 엽신은 선형으로 편평하고 길이 15~45cm, 너비 8~20mm이다. 엽설은 줄지어 달린 털로 이루어져 있다.

꽃·화서 8~9월에 피며 소수가 밀집된 원추화서로서 길이 6~23cm, 너비 1.2~3.5cm이다. 화서 중축에서 다수의 짧은 가지가 나와 각각의 가지에 소수가 밀집되어 2차 분지된 작은 타원형 화서를 만든다. 소수는 타원형으로 길이 1.9~2.3mm, 너비 1.0~1.3mm이다. 소수 밑에 달린 강모는 녹색이며 때로는 자주색이기도 하고 길이는 소수의 2~3.5배이다. 제1포영은 3개의 맥이 있으며 길이 0.7~1mm, 제2포영은 5개의 맥이 있으며 길이 1.6~2.0mm이다. 제1소화는 불임성이며, 제2소화가 양성으로 종자를 맺는다. 제1소화의 호영은 7개의 맥이 있으며 소수와 길이가 같다. 제2소화는 가죽질이며 길이 1.9~2.3mm이다.

▼ 화서

조아재비

Setaria chondrachne
(Steud.) Honda

생활형

다년생

분포

제주, 전남, 경남

형태

줄기 높이 50~120cm이다. 단단한 인편으로 덮인 근경이 길게 뻗고 줄기는 기부에서 가지를 내어 비스듬히 자라며 10~17개의 마디가 있다.

잎 엽신은 선형으로 편평하고 길이 20~40cm, 너비 5~15mm이며 가장자리는 껄끄럽고 표면은 윤택을 띤다. 엽설은 길이 0.5mm정도의 줄지어 달린 털로 이루어져 있다. 엽초 가장자리는 털이 줄지어 난다.

꽃·화서 7월에 피고 원추화서에 달린다. 화서는 길이 15~36cm이고 짧은 가지가 드문드문 나와 20개 이내의 소수가 성글게 달린다. 소수는 난형으로 길이 2.5~3.0mm, 너비 1.1~1.3mm이다. 소수 기부에 2개 내외의 강모가 있다. 제1포영은 3개의 맥이 있으며 소수의 기부를 감싸고, 제2포영은 5개의 맥이 있다. 제1소화는 불임성이고 호영은 소수와 길이가 거의 같으며 5맥이다. 제2소화는 양성으로 종자를 맺으며, 호영은 가죽질로 윤택을 띤다.

가을강아지풀

Setaria faberii R. A. W. Herrm.

생활형

하계일년생

분포

전국

형태

줄기 높이 40~100cm이나 드물게 2m이상 자라기도 한다. 아래쪽에서 분지하여 직립하며 5~11개의 마디가 있다.

잎 엽신은 선형이며 길이 10~30cm, 너비 8~20mm이다. 엽설은 길이 1~2mm이며 줄지어 난 털로 이루어져 있다. 엽초의 가장자리는 털이 있다.

꽃·화서 8~10월에 피고 둥근 기둥모양의 원추화서에 모여 달린다. 화서는 길이 5~23cm로 끝이 약간 굽어서 둥글게 휘어진다. 소수는 타원형으로 길이 2.1~3.0mm, 너비 1.1~1.7mm이다. 제1포영은 소수의 기부를 감싸며 길이 1~1.3mm, 제2포영은 2~2.5mm로 5개의 맥이 있으며 소수보다 짧아서 제2소화를 완전히 덮지 못한다. 제1소화는 불임성으로 호영만 남고 길이는 소수와 같다. 제2소화는 양성으로 종자를 맺으며, 호영은 길이 2.1~3.0mm이며 가죽질로 잔주름이 있다.

금강아지풀

Setaria glauca (L.) P.Beauv.

생활형
하계일년생

분포
전국

형태
줄기 높이 20~70cm이다. 한 포기에서 여러 개가 갈라져 비스듬히 직립하고 4~11개의 마디가 있다.

잎 엽신은 길이 10~25cm, 너비 3~8mm이다. 표면은 짙은 녹색이며 뒷면은 붉은색을 띤 녹색으로 윤택이 있다. 엽설은 털이 줄지어 달린다. 엽초의 가장자리는 털이 없으며, 등은 용골로 된다.

꽃·화서 8~10월에 피고 둥근 기둥모양의 원추화서에 모여 달린다. 화서는 길이 3~10cm이며 황금색 또는 황갈색의 강모가 밀생한다. 소수는 난형으로 길이 2.8~3.5mm, 너비 1.7~2.2mm이다. 제1포영은 3개의 맥이 있고 소수의 1/2정도로 소수의 기부를 감싸며, 제2포영은 소수 길이의 3/5~2/3정도이며 5개의 맥이 있다. 제1소화는 불임이고 호영은 소수 길이와 거의 같다. 제2소화는 양성으로 종자를 맺으며, 호영은 가죽질이며 표면에 가로로 난 주름이 있다.

▼ 화서

▼ 화서(좌: 금강아지풀, 우: 주름금강아지풀)

주름금강아지풀

Setaria glauca var. *dura*
(Chung) Chung

생활형

하계일년생

분포

전국

형태

줄기 높이 20~70cm이다. 한 포기에서 여러 개가 갈라져 비스듬히 직립하고 4~11개의 마디가 있다.

잎 엽신은 길이 10~25cm, 너비 3~8mm이다. 표면과 뒷면은 회색을 띤 녹색이다. 엽설은 털이 줄지어 달린다. 엽초의 가장자리는 털이 없으며, 등은 용골로 된다.

꽃·화서 8~10월에 피고 둥근 기둥모양의 원추화서에 모여 달린다. 강모를 제외한 화서의 길이는 4.5~13cm, 너비 6~9mm이며 황갈색 또는 짙은 갈색의 강모가 밀생한다. 소수는 넓은 타원형으로 길이 2.7~3.2mm, 너비 1.5~1.9mm이다. 제1포영은 3개의 맥이 있고 소수의 1/2정도로 소수의 기부를 감싸며, 제2포영은 소수 길이의 3/5~2/3 정도이며 5개의 맥이 있다. 제1소화는 불임이고 호영은 소수 길이와 거의 같으며, 제2소화의 호영과 같은 가죽질로서 볼록하며 가로로 주름이 져 있다. 제2소화는 양성으로 종자를 맺으며, 호영은 가죽질이며 표면에 가로로 난 주름이 있다.

참고

유사종인 금강아지풀과 가는금강아지풀과 달리 식물체 전체가 회녹색을 띤다. 또한 불임소화의 호영이 임성소화의 호영과 같은 가죽질이며 가로로 난 줄무늬가 있다.

가는금강아지풀

Setaria pallidefusca
(Schumach.) Stapf &
C.E.Hubb.

생활형

하계일년생

분포

전국

형태

줄기 높이 20~70㎝이다. 한 개씩 나오거나 한 포기에서 여러 개가 갈라져 직립하고 5~8개의 마디가 있다.

잎 엽신은 길이 10~25㎝, 너비 3~8㎜이며, 엽설은 짧은 털이 줄지어 난다. 엽초는 납작하며 털이 없으며 등 쪽에 용골이 있다.

꽃·화서 8~10월에 피며 둥근 기둥모양의 원추화서에 모여 달린다. 강모를 제외한 화서의 길이는 4~12㎝, 너비 5~8㎜이다. 자모는 길이 7~10㎜이다. 소수는 타원형으로 길이 2.3~3.1㎜, 너비 1.3~1.7㎜이다. 제1포영은 소수 길이의 1/2, 세 개의 맥이 있으며, 기부는 소수 기부를 감싼다. 제2포영은 소수 길이의 3/5~2/3, 5개의 맥이 있다. 소수에는 한 개의 불임소화와 한 개의 임성소화가 있다. 제1소화는 불임이며 호영은 소수와 같은 길이이며 5개의 맥이 있다. 제2소화는 양성으로 종자를 맺으며, 호영은 가죽질이고 표면에 가로로 뚜렷한 주름이 있고, 가장자리는 내영을 감싼다.

433

강아지풀

Setaria viridis (L.) P. Beauv.

생활형

하계일년생

분포

전국

형태

줄기 높이 20~80cm이다. 곧추 서고 기부에서 갈라져 가지를 치며 4~12개의 마디가 있다.

잎 엽신은 길이 5~20cm, 너비 5~18mm. 선형으로 편평하고 양면에 털이 없으며, 엽설은 한 줄의 털로 이루어진다. 엽초는 기부까지 갈라지며 가장자리에 잔털이 줄지어 난다.

꽃·화서 7~8월에 피고 둥근 기둥모양의 원추화서에 모여 달린다. 화서는 길이 3~6cm이며 중축에 백색의 긴 털이 밀생하고 곧추 서거나 끝이 약간 굽는다. 기부에 가지의 변형인 연한 녹색 또는 자색의 강모가 있으며, 강모는 소수 길이보다 약 3~4배 길다. 소수는 타원형으로 길이 1.8~2.3mm, 너비 1.0~1.2mm이다. 제1포영은 소수의 기부를 감싸며 제2포영은 소수 길이와 거의 같고 5맥이다. 제1소화는 불임이고 제2소화는 양성으로 종자를 맺으며, 가죽질의 호영은 내영을 감싼다. 수술은 암자색이다.

▼ 화서

▼ 초형(좌: 강아지풀, 우: 가을강아

쥐꼬리새풀

Sporobolus fertilis (Steud.) Clayton

생활형

다년생

분포

전국, 특히 제주를 포함한 남서 해안 지역

형태

줄기 높이 20~80cm이다. 모여 나고 곧추 또는 비스듬히 서며 3~4개의 마디가 있다.

잎 엽신은 길이 20~60cm, 너비 1.5~6mm이며 가장자리에 잔 톱니가 있고 안으로 말리며 거의 털이 없고 엽신 기부에 털이 모여난다. 엽설은 짧은 털이 줄지어 난다.

꽃·화서 6~8월에 피고 원추화서로 달리며 화서는 길이 15~40cm, 너비 3.5~4.5mm로 곧추 서고 가지가 짧으며 중축에 압착하여 이삭모양으로 보이고 소수가 밀생한다. 소수는 길이 2~2.5mm이며, 1개의 소화로 구성되어 있다. 제1포영은 용골과 맥이 없으며 길이 0.4mm정도이고, 제2포영은 용골이 없이 1개의 맥이 있으며 길이는 1mm 정도이다. 양성화의 호영은 길이 2~2.2mm로 내영과 비슷하다.

솔새

Themeda triandra var.
japonica (Willd.) Makino

생활형

다년생

분포

전국

형태

줄기 이 70~130cm이다. 모여나서 곧추 서며 9~14개의 마디가 있다.

잎 엽신은 길이 30~50cm, 너비 3~8mm이다. 뒷면이 약간 백록색을 띠며 기부에 엽초와 더불어 긴 흰색 털이 드문드문 난다. 엽설은 막질이며 끝이 잘린 모양으로 길이 1~3mm이다.

꽃·화서 8~9월에 피고 화서는 줄기 끝과 상부의 잎겨드랑이에서 연속적으로 나와 원추형으로 되며 각 이삭에 잎 모양의 포가 있다. 포는 6개의 소수를 감싼다. 6개의 소수는 무병 양성소수와 유병 웅성소수가 각각 1개씩이며, 무병 웅성소수가 4개이다. 웅성소수는 길이 9~10mm로 까락이 없고 수술이 3개 있다. 양성소수는 길이 8~10mm이고 제1포영은 가죽질로 윤택을 띠며, 제 1소화의 호영은 막질이고, 제 2소화의 호영은 길이 5mm정도로 흑갈색의 까락이 달려 있으며 이 까락은 소수 밖으로 나온다.

잠자리피

Trisetum bifidum (Thunb.) Ohwi

생활형
다년생

분포
전국

형태
줄기 모여 나고 2~4개의 마디가 있다. 밑 부분의 마디가 굽으나 곧추 서며 높이 40~80cm이다.

잎 엽신은 선형으로 길이 10~20cm, 너비 3~5mm이고 때로 엽초와 더불어 백색 털이 있으며 엽설은 막질이며 길이 0.1~1.5mm이다.

꽃 · 화서 4~5월에 피고 길이 10~20cm의 원추화서에 달린다. 화서는 끝이 약간 숙고 가지는 보통 2개씩 나며 전체가 윤택을 띤다. 소수는 납작하고 길이 6~8mm이며 2~3개의 소화로 이루어져 있다. 보통 황록색 또는 황갈색이고 가지의 기부까지 달린다. 제 1포영은 길이 2~4mm이며 한 개의 맥이 있다. 제 2포영은 길이 5~7mm이며 세 개의 맥이 있다. 호영은 길이 5~7mm이며 전면에 볼록점이 있고 끝이 두 개의 열편으로 갈라져 그 사이에서 길이 6~10mm의 까락이 나온다. 까락은 도중에 꼬이고 급히 뒤로 젖혀진다. 내영은 투명하며 길이 3~4mm이고 거의 중간 부분까지 두 개로 갈라진다.

산달래

Allium marcostemon
Bunge

생활형

다년생

분포

전국

형태

줄기 원줄기는 없다. 꽃대는 곧추 서며 높이 40~80cm이다. 인경은 구형으로 지름 1.2~1.5cm이다.

잎 인경에서 나온 잎은 2~9개이고 선형으로 길이 20~30cm, 나비 2~3mm이다. 끝은 뾰족하고 밑은 엽초로 화경을 둘러싸며 밀랍분이 있으며 단면은 반원형으로 가운데가 비어 있고 표면에 홈이 있다.

꽃 5~6월에 백색 또는 연한 홍색으로 피고 화경 끝에 산형화서로 달리며 소화경은 15~20mm이다. 화피편은 6개이고 난상 장타원형으로 길이 4~6mm이다. 수술과 암술대는 화피보다 길고 화서 중에 일부 또는 전부가 살눈으로 변한다.

열매 구형의 삭과이다.

주아

▼ 생육

무릇

Scilla scilloides (Lindl.)
Druce

생활형

다년생

분포

전국

형태

줄기 원줄기는 없다. 꽃대는 곧추 서며 높이 20~50cm이다.

잎 인경에서 나온 잎은 2개가 마주나며 두껍고 연하며 선형으로 길이 10~30cm, 너비 4~6mm이고 끝은 뾰족하며 표면이 오목하고 털이 없다.

꽃 7~9월에 연한 홍자색으로 피고 화경 상부에 총상화서로 많은 꽃이 달리며 화서는 열매가 맺힐 때 8~17cm에 달하고 소화경은 길이 5mm이며 포는 선형으로 길이 2~2.5mm이다. 화피 조각은 6개이고 도피침형으로 길이 3~3.5mm이며 옆으로 넓게 퍼지고 뒷면의 색이 짙다. 수술은 6개, 암술은 1개이고 자방은 타원형으로 잔털이 3줄로 난다.

열매 길이 4mm정도의 도란형 삭과이며, 종자는 장타원형이다.

▼ 화서

▼ 열매

등심붓꽃

Sisyrinchium angustifolium
Mill.

생활형

다년생

분포

제주

형태

줄기 높이 10~30cm이다. 곧추
서고 편평하며 좁은 날개가 있
고, 아래쪽 마디에서 다소 굴곡
져 자란다.

잎 선형으로 길이 4~8cm, 너비
2~3mm이며 끝은 뾰족하고 가장
자리에 극히 잔 톱니가 있으며
줄기에 달린 잎은 엽초로 줄기
를 감싼다.

꽃 4~6월에 푸른색이나 흰색
을 띤 자색으로 피고 줄기 끝에
3~6개의 꽃이 산형화서에 달린
다. 화경 끝에 있는 2개의 포속
에서 2cm내외의 가느다란 소화
경이 나와 지름 1cm내외의 꽃이
핀다. 화피편은 6개이고 수평으
로 펴지며 도란상 장타원형으로
끝이 뾰족하고 3개의 자색 줄이
있으며 밑부분은 황색을 띤다.
수술은 3개, 암술은 1개이고 끝
이 3개로 갈라진다.

열매 지름이 3mm정도인 구형 삭
과로 광택을 띤 자색이다.

참고

외래종이다.

부록

㉠

ㅊ

T

V

X

Y

알아두면 유용한 잡초도감

1판 1쇄 발행 2017년 11월 25일
1판 6쇄 발행 2024년 12월 10일
저   자 국립농업과학원
발 행 인 이범만
발 행 처 **21세기사** (제406-2004-00015호)
경기도 파주시 산남로 72-16 (10882)
Tel. 031-942-7861   Fax. 031-942-7864
E-mail : 21cbook@naver.com
Home-page : www.21cbook.co.kr
ISBN 978-89-8468-736-3

정가 30,000원